《我们深圳》
首部全面记录
深圳人文的
非虚构图文丛书

OYSTER OF SHAJING

沙井蚝

前世今生

◎阮飞宇 / 著

深圳报业集团出版社

晒蚝（龚碧艳 摄）

蚝民（郑中健 摄）

蚝民（何煌友 摄）

沙井蚝民（何煌友 摄）

蚝船入涌（何煌友 摄）

捡蚝（何煌友 摄）

蚝出合澜海中及白鹤滩，土人分地种之，曰蚝田，其法：烧石令红，投之海中，蚝辄生石上。或以蚝房投海中种之，一房一肉。潮长，房开以取食；潮退，房阖以自固。壳可以砌墙，可烧灰，肉最甘美，晒干曰蚝豉。

——《嘉庆新安县志》卷之三舆地略

钳蚝（《蚝蛎采苗》影片截图）

开蚝（程建 供图）

蚝民讨论养蚝心得（吴序运 摄）

晒蚝（吴序运 摄）

煮蚝（吴序运 摄）

拣蚝（程建 供图）

拣蚝作价（吴序运 摄）

烧蚝壳灰（吴序运 摄）

晒蚝（龚碧艳 摄）

江氏大宗祠（龚碧艳 摄）

011

总序

《我们深圳》

《我们深圳》?

是的。我们,而且深圳。

所谓"我们",就是深圳人:长居深圳的人,暂居深圳的人,曾经在深圳生活的人,准备来深圳闯荡的人;是所有关注、关心、关爱深圳的人。

所谓"深圳",就是我们脚下、眼前、心中的城市:是深圳市,也是深圳经济特区;是撤关以前的关内外,也是撤关以后的大特区;是1980年以来的改革热土,也是特区成立之前的南国边陲;是现实的深圳,也是过去的深圳、未来的深圳。

《我们深圳》丛书,因"我们"而起,为"深圳"而生。

这是一套"故园家底"丛书,它会告诉我们:深圳从哪里来,到哪里去,路边有何独特风景,地下有何文化遗存。我们曾经唱过什么歌,跳过什么舞,点过什么灯,吃过什么饭,住过什么房,做过什么梦……

这是一套"城市英雄"丛书,它将一一呈现:

在深圳，为深圳，谁曾经披荆斩棘，谁曾经独立潮头，谁曾经大刀阔斧，谁曾经侠胆柔情，谁曾经出生入死，谁曾经隐姓埋名……

这是一套"蓝天绿地"丛书，它将带领我们遨游深圳天空，观测南来北往的鸟，领略聚散不定的云，呼叫千姿百态的花与树，触碰神出鬼没的兽与虫。当然，还要去海底寻珊瑚，去古村采异草，去离岛逗灵猴，去深巷听传奇……

这是一套"都市精灵"丛书，它会把美好引来，把未来引来。科技的、设计的、建筑的、文化的、创意的、艺术的……这座城市，已经并且正在创造

沙井蚝
前世今生

如此之多的奇迹与快乐，我们将召唤它们，吟诵它们，编织它们，期待它们次第登场，一一重现。

这套书，是都市的，是时代的。

是注重图文的，是讲究品质的。

是故事的，是好读的，是可爱的，是美妙的。

是用来激活记忆的，是拿来珍藏岁月的。

《我们深圳》，是你的！

胡洪侠

2016 年 9 月 4 日

目录
CONTENTS

东晋末年，卢循跟随姐夫**孙恩发动民变**，最终兵败。**余部**逃到珠江口**莞邑沿海一带**，**吃蚝充饥**，用**蚝壳建屋而居**。沙井蚝首次**登上历史舞台**。

第一章
蚝门初启

引　子

沙井蚝，是中华人民共和国成立后，深圳最早的国家级名牌出口产品。

对于蚝，我小时候接触到的都是干货，叫蚝豉。家里焖猪脚或炖骨头汤时，喜欢撒上一把，滋味益显醇香。后来到广州上大学，某天去北京路闲逛，在中山四路与文德路交界处的致美斋，我发现竟有蚝油这么一种调料。放寒假时，买上几瓶带回家，分赠亲友，皆视为稀罕物。

参加工作后，才知道蚝其实就是牡蛎，这立刻让我想起莫泊桑的短篇小说《我的叔叔于勒》。蚝居然还能生吃，这是我没想到的。据说，纽约时报畅销书《厨房机密》的作者安东尼·伯尔顿对食物的热爱，源起于其幼年在法国的一艘船上，尝试了他生平的第一个生蚝，那艘船属于一位以采集生蚝为生的渔夫。伯尔顿如此形容生蚝的独特口感："撬开蚝壳，嘴唇抵住蚝壳边缘，轻轻一吸，舌尖触及蚝肉，柔软多汁，嗖的一下，丰富肥美的蚝肉进入口腔，绵密得宛若一个法国式接吻，有种令人窒息的冲动……"

如此诱人的食物，我在很长一段时间里却没有尝试的勇气。

直到20世纪90年代末期，某天有朋友请我吃饭。点了一款生蚝，个头出奇地大，处理得很是洁净，肥美乳白的蚝体，水灵灵，亮莹莹的。我被诱惑到了，一边以莫泊桑的小说给自己心理暗示，一边捻起柠檬块，挤出果汁淋于蚝肉上，然后夹起来，紧锁眉头，很忐忑地往口里送。一咬，一

蚝蛎的食法，生熟皆宜。当然，生食的前提是蚝的生活环境必须洁净。传统上，国人认为蚝性寒，不可生食，只宜熟炙，生吃只盛行于欧美。1840年鸦片战争后，西方国家的蚝饮食文化迅速影响到了香港，也渐进影响到了国人。蚝菜品种和炮制方法日益多样，生蚝最终端上了国人的餐桌。品食生蚝的佳期首推冬季，生蚝储能过冬，会产生大量葡萄糖，特别肥美和清甜；次选夏天，处于产卵期的蚝，会制造大量蛋白质，蚝肉特别爽脆；而产卵后的蚝，蚝身会呈透明，变得毫无味道（程建 摄）

种沁凉沁凉的感觉在舌尖萦绕，竟觉鲜嫩爽滑，甘美非凡。

打那以后，我总算接受了刺身一类的吃法。

那天，朋友告诉我，这是沙井蚝，深圳本土最出名的物产。我当时立刻产生一种直觉，深圳应该并不像当时的人们普遍臆想的那般缺乏文化渊源。既有名产，必有诸多的陈情往事潜藏其间，堪为撑起这一方水土的人文底蕴。

沙井蚝，顾名思义，出自沙井。

沙井，现称沙井街道，隶属于广东省深圳市宝安区，位于深圳市西北部，珠江口东岸，西濒珠江口，隔茅洲河与东莞市长安镇交界。

　　沙井是千年古镇，现有历史风貌较为完整的古村落4个，有龙津石塔、江氏大宗祠等100余处具有一定文物价值的古建筑。沙井素有"蚝乡"美称，"沙井蚝"质优量丰，驰名中外，其生产习俗已被列为深圳市非物质文化遗产。2004年开始举办的金蚝节更让蚝乡文化闻名遐迩。沙井同时还是粤剧之乡、足球之乡，沙井粤剧、沙井足球多次在国家、省市比赛中获得荣誉（龚碧艳 摄）

　　在2016年12月拆分为沙井和新桥两个街道前，沙井辖区面积有63平方千米。

　　沙井属于深圳西部海滨平原台地区，境内地势由东向西倾斜入海，东西宽，南北窄，地形主要是冲积海积平原和台地，低丘陵和残丘。茅洲河、沙井河等河流流经此地，注入珠江口。

　　早在三四千年前，作为土著的百越人在沙井一带栖息繁衍，靠海谋生。在东晋咸和六年（331年）设立宝安县前，沙井一带便开有盐场。周边土民逐渐聚集此地采盐谋生，形成商埠。

沙井街道位于宝安区西北部，2016年12月拆分为沙井街道、新桥街道。拆分前，东临公明街道，北靠松岗街道，西为海堤，南接福永街道，面积63平方千米。辖区共有户籍人口4.08万，常住人口60.99万（龚碧艳 摄）

历史上，沙井最早的名称叫作参里。此名得来，与东晋大孝子黄舒有关。

黄舒，字展公，原籍中原，因北方战乱，民不聊生，辗转南迁。公元331年，东晋设立东官郡后，黄舒随父亲黄教迁到当时的东官郡宝安县，在今天沙井街道这块地方定居下来，是深圳最早的广府黄氏。

黄舒的家境虽然贫寒，但受中原文化影响习得的孝亲礼仪从不懈怠。父亲终老后，黄舒在父亲坟旁搭建茅草屋，按孝道的礼仪守孝3年。白天辛苦劳作，侍奉母亲，晚上住在坟地，为父守孝。当时，这地方人口不多，四处荒凉，野兽出没，但黄舒泰然处之。他不喝酒不吃肉，每天只喝一罐稀饭，瘦得形容枯槁。每念及自己没让父亲过上一天好日子，便放声大哭。后来，母亲也去世了，黄舒同样守孝3年。当地人由最初的不理解，到最后随着北方移民增多和中原文化传播，终于明白这就是孝道。

事迹传到官府，被作为政绩上报朝廷。在那个朝代，虽有规定父母去世后必须如此，"生养殁哀"，但真正落到实处者几乎没有。晋朝皇帝下诏赐黄舒孝子荣誉，将他比作孔子学生、春秋大孝子曾参，命名他

沙井蚝 前世今生

位于宝安区沙井街道步涌社区新河路大田村路口的黄舒墓。清嘉庆《新安县志》记载，黄舒墓在"大田乡猪母冈"，然文物工作者多年来查访未果。1984年，深圳市文物考古鉴定所专家彭全民就曾到沙井步涌寻找过黄舒墓，也没找到。直到2001年5月，彭全民与沙井考古学者程建到步涌社区走访，告辞时再问起黄舒墓，时任村支书江炳球想了想，说村里有个黄公墓，属于无主墓。一行人来到大田村，拨开一丛丛齐腰的杂草，一座古墓呈现眼前，碑文隐约可见"晋钦旌孝子始祖考乡贤参里黄公之墓"字样。黄舒墓得以重现人间。2002年，沙井街道出资15万元进行墓地修葺。之后，黄舒墓被列为宝安区级文物保护单位（程建 摄）

　　走在沙井古墟，狭长的巷道上，不时可遇款式各异的古井，六方形、四方形、圆形皆有，共同的特点是不太深，上有防护井盖，可谓沙井一大特色。此地濒临珠江口，历史上，河道虽多，水却较咸，居民生活多靠打井取水。滨海多沙土，井水经沙层过滤，格外甘甜。这些水井如今仍在使用，只是水质不如从前，洗东西可以，饮用的人则少了

（程建 摄）

居住的地方叫参里。宋代沈怀远《南越志》最早记录了此事："宝安县东有参里，县人黄舒者，以孝闻于越，华夷慕之如曾子之所为，故改其居曰参里也。" 这是深圳有记载以来的第一位历史文化名人，且是国家级的。

到了宋代，参里改名为涌口里。因当地设有官办的归德盐场（位置大致在今日沙井、松岗等一带），亦以归德代称。

至于后来为何得名"沙井"，一说是南宋中期，淳熙进士陈朝举率族人迁入归德盐场涌口里。归德盐场的附近，有一个叫云林的地方，陈氏后人就在云林的附近定居生活，这里入海河道多沙，掘井时沙很多，就取地名为沙井。

另有一说是南宋末年，宋兵在元兵追击下饥渴难忍，一个将军随即在驻扎地掘井。说也奇怪，平时的井水很咸无法饮用，唯独此井井水甘甜可饮。据说该井就在今日沙井中学内，只是井口已经加上水泥盖子，以防学生跌落。

不管何种说法，其核心旨意都是：此地原为滩涂，地下多沙，井水中沙多，故名"沙井"。

沙井的海岸线长约2.75千米，岸线平直，坡缓水浅，属淤泥质海岸。历史上，这里的海滩除了盛产海盐，由于人类活动的介入，还非常适合蚝的繁殖。

沙井世出蚝蛎，品质卓越，遂被冠以"沙井蚝"的地理标识，自宋代起更被当地村民争相人工养殖。乾隆五十四年（1789年），也就是法国大革命的那一年，沙井的海盐随着归德盐场的撤销而终结了生产，沙井蚝却风头不减，绵延至今，是深圳为数不多传承下来的地方特色名产，成为深圳一张响当当的文化名片。

2016年12月22日，我穿过古朴而喧闹的沙井大街，来到沙井水产公

开蚝大赛，已成为一年一度的沙井金蚝节的重头戏之一（芒果 摄）

司。在这里，一年一度的沙井金蚝节正在举办蚝民开蚝大赛，这已是第十三届了。

　　开蚝，就是撬取蚝壳里的鲜蚝肉。说起来简单，实则颇考技巧和功力。赛场上，选手们两两搭档，都是六七十岁的人了，撬壳取肉的动作依然娴熟麻利。只见他们一手将蚝身固定住，找准头部后，用撬子三两下便凿开了，随后从蚝口壳缝中用力上下撬之，蚝壳"嘣"一声响，新鲜蚝肉便滑落下来。短短10分钟，成绩好的组合，战果可达四五斤。

　　赛事结束，熙攘的人潮渐渐散退。我环顾赛场，眼前是一栋两层仿古的建筑，透着传统蚝乡的民居风格。午后的冬阳慵懒而煦暖，晃得双眸迷离恍惚，不过终究无法阻碍建筑的牌匾上"沙井蚝文化博物馆"几个俊逸的绿字映入眼帘，一如沙井蚝与我多年来似知晓却疏离的际遇。

位于沙井水产公司大院内的沙井蚝文化博物馆，建筑面积1200平方米，2009年12月21日在宝安区第六届"沙井金蚝节"期间对外开放。馆内陈设沙井水产公司和沙井蚝民俗文化研究会联合举办的《蚝乡蚝韵》展览。展区分沙井蚝的发展、沙井蚝的加工与销售、沙井蚝大事记等部分，陈列百余件反映蚝民生产、生活习俗等方面的实物藏品，全方位、图文并茂地展示沙井蚝文化的发展历程（阮飞宇 摄）

　　走进馆内，室外室内的光差初始让我的视觉稍有不适。待调整过来，我很快被博物馆展示的历史和陈列的文物器具所吸引，沉浸在沙井蚝的世界。

　　为了更深入地了解沙井蚝，我拨通了原先共过事、现就职于宝安日报的林子权的电话。一通寒暄后，我说明了来意。子权查询片刻，给我推荐了一个人——被誉为沙井"首席导游""比沙井人还了解沙井"的程建先生。

2017年元旦前夕，我联系上了程建。程先生是四川人，曾在江苏文博系统工作，后移居深圳，在沙井街道从事文化宣传工作多年，现任深圳市宝安区民间文艺家协会副会长、副研究馆员。他著有《京口文化》《沙井镇志》《沙井记忆》《千年传奇沙井蚝》等作品，是沙井有名的民俗文化专家，黄舒墓就是经他的发现，才重新进入世人的视野。

　　进一步接触后得知，程先生20世纪80年代初毕业于中山大学，可谓我的同门学长呢。

　　2008年5月，沙井民俗文化专家、宝安区民间文艺家协会副会长程建（中）陪同美国民俗学会执行理事长迪姆·罗仪德博士（左二）参观沙井陈氏宗祠。陈氏是沙井大姓，也是当地传统蚝民的主要构成。陈氏宗祠，乡人称义德堂，位于沙三村三巷、四巷之间，砖木石结构，五间三进一倒座，硬山尖山式屋顶，绿琉璃瓦覆面，正、垂脊均作博古饰。面阔18.2米，进深55.5米，占地面积1010平方米。据族谱推断，宗祠在乾隆五十九年（1794年）前已建成。现存祠堂为清代中后期风格（程建 供图）

经学长的提点和梳理，时光的线，一缕一缕地，串起了沙井岁月的珠帘。沙井蚝前世今生的脉络，在我脑海里渐渐明晰起来。

令我稍显意外的是，珠帘的起端，连着的竟是东晋末年一场持续了11年的惨烈战乱。也就是说，了解沙井蚝，要从1600多年前开始。

沙井蚝
前世今生

孙恩、卢循起兵

公元316年，短命王朝西晋灭亡。原先朝中的高官显贵先后南下，在建康（今江苏南京）拥立司马睿建立起东晋王朝。但是，建康当地早就有朱、张、顾、陆等本地大族活动，作为外来人口的北方大族，他们很难再在建康地区渗透势力。于是，他们避开富饶的首都地区，向更广大、更有利可图的其他地区寻求机会。浙东地区成为他们的优先选择。这一选择，为日后爆发的一场长达11年的战乱埋下了伏笔。

这些北方大族后来发展成世族的，主要有琅琊王氏（王羲之、王献之的家族）、陈郡谢氏（谢玄、谢灵运的家族）、太原王氏、高平郗氏、陈留阮氏（阮瑀、阮籍、阮咸的家族）、高阳阮氏、鲁国孔氏等。他们选择浙东，有两个原因：

第一，从地理因素看，浙东毗邻江苏，在首都建康的南部。要想避开在建康的当地大族以及皇帝的监控，离政治中心又不是非常遥远，浙东地区乃是首选。

第二，浙东拥有良好的资源优势，山地众多，林木茂盛，资源丰富，风景秀丽，既能获得衣食来源，又能浏览山川之美。

正因为此，东晋以来，浙东地区成为世家大族留恋不舍的宝地，他们在此占山封泽，禁锢林地，建立别业，尽享属于自己的特权。

大族在浙东的发展搞得风生水起，势力犬牙交错，渗入浙东的方方面面，自然与当地的低级士族形成了矛盾。这种矛盾，随着一个叫孙

第一章 豪门初启

恩、一个叫卢循的人的出现，最终激化成大事件。

孙恩本为琅琊人，是孙秀家族后裔。孙秀出身低微，在西晋"八王之乱"的时候服务于赵王伦，成为赵王伦的忠实谋主。后来，孙秀与赵王伦一同被诛，整个孙氏家族随之急剧衰颓。大约在两晋时期，孙氏家族移居三吴（吴郡、吴兴、会稽），世奉五斗米道，社会地位低下。孙恩叔父孙泰因拜杜子恭为师，学习秘术，吸引了平民乃至士族人士，因而获当权的会稽王司马道子任命为官员。

隆安二年（398年），王恭叛乱，孙泰以为东晋快要覆亡，故此煽动百姓，召集信众，获很多三吴地区人民响应。但该事遭到会稽内史谢辂揭发，孙泰遭司马道子处死。孙恩逃到海上，召集到百多人，等待机会复仇。

当时，主持东晋政局的是会稽世子司马元显，他想把士族手里的荫附人口强行拉出，编入国家军队，以与地方军阀桓玄等抗衡。司马元显在浙东推行其政策，拼命征发徭役。但是，浙东本就大族众多，根本不听指挥，这些任务自然就压在了低级士族身上。低级士族平素饱受大族歧视和排挤，这个时候还要让他们拿出有限的人口编入政府军队，当然极不情愿，开始酝酿以暴力反抗。

隆安三年（399年），司马元显下令三吴各郡，公卿以下被转为荫客的官奴都移置建康，称作"乐属"，以补充朝廷兵员。此举令各郡士庶十分不满。

当此时，蛰伏海岛的孙恩看准人心不稳，趁机于当年十月起兵反晋。早就受够世族阶层无休止盘剥的浙东民众积极响应，随之反叛者有数十万之众。

浙东一乱，朝廷就会丢掉京城的后方，并失去财税重地。浙东地区

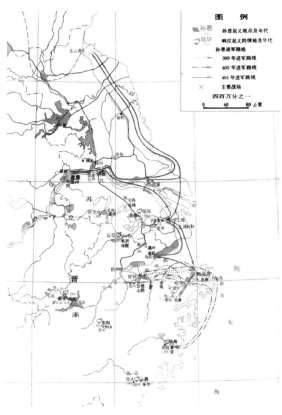

　　上图为孙恩起兵线路图。安帝隆安三年（399年）十月，孙恩起兵攻上虞，袭会稽，吴郡陆环等八郡起兵呼应。隆安三年十二月（400年初），谢琰屯兵乌程（今浙江吴兴南），派兵向浙江（今钱塘江）推进，孙恩战败，退入海岛。隆安四年（400年）五月，孙恩再次从浃口（今浙江镇海东南）登陆，入余姚，破上虞，克邢浦，进至会稽，败谢琰。冬十一月，东晋派刘牢之都督会稽等五郡，孙恩大败，撤回海岛。隆安五年（401年）二月，孙恩出浃口，攻句章，为刘牢之所败，复走入海。三月，孙恩北趋海盐，为刘裕所败，转趋沪渎（今上海）。五月，取沪渎。六月，孙恩浮海溯江至丹徒（今江苏镇江东南），知京师建康有备，遂北走郁州（今江苏连云港），遣别将攻入广陵。孙恩军则为刘裕所败，至沪渎，再为刘裕所败，遂又退入海岛。元兴元年（402年）三月，孙恩进攻临海失败，投水而死（资料图片 李欣 绘）

对于东晋政府的重要性不言而喻。所以，孙恩一起事，东晋政府极其重视，派出北府兵宿将、卫将军谢琰（谢安之子）去浙东扑灭这股怒火。

北府兵是东晋谢玄（谢安侄子）等人建立起来的精锐部队，在淝水之战中大败前秦苻坚而名声大噪。北府兵著名将领刘牢之亦被派往浙东协助谢琰。作战之中，孙恩虽然杀掉谢琰及其二子，但是最终被刘牢之以及他的部将刘裕重创，退守海岛。

元兴元年（402年），孙恩再攻临海郡，被临海太守辛昺击败。孙恩眼见他的部众所余无几，为免被晋军生擒，遂投海自杀，部下数百人追随殉命，孙恩之变至此结束。

孙恩自杀后，其残余部众推孙恩的妹夫卢循为主。

卢循本是门阀士族范阳卢氏的子弟，是晋司空从事中郎卢谌的曾孙。卢谌是经学名家，曾在石赵朝廷中任职，后被冉闵所杀。到了350年，卢循祖父投奔东晋，属于晚渡江者。西晋灭亡后，最先到达建康地区的士族成为显贵，而较晚到达的则受到歧视，地位不高。据传，卢循年幼时，当时的佛门僧人慧远（一作惠远）善于鉴人，偶见卢循，便对他说："君虽体涉风素，而志存不轨。"意指卢循虽体态素雅，却有不守法度之心。

当时，东晋改由太尉桓玄当政。桓玄打算用安抚手段使东部局势迅速稳定下来，遂任命卢循为永嘉太守。

卢循接受了朝廷的任命，但其部众依旧我行我素，毫无收敛。

元兴二年（403年），刘裕于永嘉郡击败卢循，并追击至晋安郡，卢循唯有循着海路南逃。

元兴三年（404年），卢循到达南海郡，登陆进攻广州治所番禺，生擒广州刺史吴隐之，自称平南将军，摄广州事。与此同时，卢循又命姊夫徐道覆攻下始兴郡。

次年（405年）四月，卢循派遣使节前往东晋都城建康进贡。当时，东晋大权已落在刘裕手里。朝廷刚刚诛灭桓振领导的桓氏残余势力，内外多事，无力讨伐卢循。于是，四月二十一日，朝廷再度任命卢循为征虏将军、广州刺史、平越中郎将，任命徐道覆为始兴相。卢循获得了广州作为其根据地。

义熙五年（409年），刘裕带兵北伐南燕。徐道覆得知消息后，亲自来到番禺，百般游说卢循乘东晋空虚之机袭击建康。卢循本不愿起事，但又无法说服徐道覆，只好同意他的意见。

其实，徐道覆在游说卢循之前，早已暗地准备制造船只。他派人到南康山砍伐适合制造船只的木材，谎称要到下游城中贩卖，然后又以劳力少无法运到下游为由，就地在始兴廉价出售，价格比市面上低很多。当地居民贪图便宜，争相购买。由于赣江水流急，石头多，出船很难，售出的木材大都只能储存在当地，不会流散他方。如此反复，纵然百姓家中木材越积越多，却也没有引起官府任何怀疑。

至义熙六年（410年），卢循及徐道覆决定起兵时，徐道覆派人根据卖木材的收据，向百姓一一索回木材，不准隐匿。凭借这些囤积的木材，卢循仅十日就完成了造舰，迅即率军进攻长沙郡；徐道覆则领兵攻南康、庐陵及豫章三郡，各郡守相闻风弃郡而逃。

不久，卢循向北方进犯，派徐道覆进攻寻阳（一说江陵），自己准备攻打湘中地区各郡。在长沙，卢循击败了荆州刺史刘道规派出的军队，开进到巴陵，与徐道覆的兵力会合，兵卒十万，战舰数以千计，顺流而下。

五月初七，卢循与北府兵将领刘毅在桑落洲（今江西九江东北长江中）开战，大败刘毅，一直打到江宁。在击败刘毅的军队后，卢循从俘虏口中得到刘裕已经北伐回师的消息，顿时面色大变，打算退回寻阳，

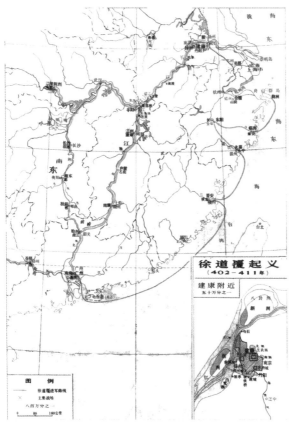

徐道覆起义
（402—411年）

建康附近
五十万分之一

　　上图为卢循、徐道覆起兵线路图。孙恩失败后，余部卢循、徐道覆南下攻占广州。410年二月，卢循与徐道覆想乘刘裕进兵南燕之机袭取建康。卢循自始兴（今广东韶关市西）攻长沙，走现今湖南一线。徐道覆出南康、庐陵、豫章，走今江西一线。东晋江州刺史何无忌自寻阳迎击徐道覆，战于豫章，何无忌大败战死。刘裕闻讯，班师南归。卢、徐合兵，沿江而下，与刘毅遇于桑洛洲（今江西九江东北），毅军大败。卢、徐屯兵建康城下两个月，师老兵疲，给养困难，南撤退守寻阳。此后，卢循、徐道覆与刘裕屡战不利，退军欲取荆州，又为刘裕所败，遂退回广州。徐道覆退保始兴。411年二月，晋军攻破始兴，徐道覆被杀。三月，卢循率部到广州，广州城已为刘裕从海路登陆的军队所攻取。卢循转战交州，又被交州刺史杜慧度打败，投水而死（资料图片 李欣 绘）

攻克江陵，占据这两个州来和朝廷对抗。徐道覆则坚持乘胜进攻、与敌军拼死一战。卢循犹豫好几天，才依从他的主张。

五月十四日，卢循大军抵达秦淮河口，建康城内外戒严。徐道覆建议从新亭进军白石，然后烧掉战船登陆，分几路进攻刘裕。然卢循优柔寡断，做事保守，竟对徐道覆说："我们的大军都还没到呢，孟昶便闻风吓得自杀，照这趋势，敌人自会在几天内崩溃散乱。决定胜负也就一瞬间的事，贸然开战，既不一定能战胜敌人，又自损士卒，我看不如按兵不动，等敌方来攻。"徐道覆见此，长叹道："我终将被卢公耽误。如果我能有幸为一位英雄卖命的话，天下早就平定。"

就在卢循迟疑之际，刘裕因害怕卢循突袭，采用了虞丘进的建议，砍伐树木在石头城和秦淮河口等地立起栅栏。正是这一举措，成为改变战局的关键。

到了五月二十九日，贻误战机的卢循终于发起进攻，却屡被栅栏所阻，战舰又遭暴风吹翻，死者众多。在南岸列阵交战，再次大败。

六月，卢循进攻京口，掠夺各县，但什么都没抢到，斗志已消的他遂对徐道覆说："军队出来时间太长，已经疲惫不堪，我看不如回到寻阳，合力攻取荆州，这样我们占据三分之二的天下，可以慢慢地再与东晋政权争胜。"

七月初十，卢循从蔡州向南撤回寻阳，留下他的部将范崇民带领五千人据守南陵。

七月十四日，刘裕派遣辅国将军王仲德、广川太守刘钟、河间内史蒯恩、中军谘议参军孟怀玉等人带兵追击卢循，自己率领大军随后进击，在雷池打败卢循。卢循想逃回豫章，便拼全力在左里设置栅栏。刘裕命令部众攻栅栏，卢循军队虽死战仍不敌。刘裕乘胜进击，卢循单船逃脱，收拢逃散士卒一千多人，退返广州。

右图为平息孙恩、卢循之变的刘裕。刘裕（363年~422年），字德舆，小名寄奴，京口（今江苏镇江）人，南朝刘宋王朝的开国之君，庙号"高祖"，谥号"武皇帝"。据《中国皇家文化》记载，刘裕本是刘邦之弟楚元王刘交的二十一世孙，早年家境贫寒，在镇压孙恩的战役中崛起，后掌握了东晋政权。他亲率大军平定卢循之变，内并外攻，统一中国南方，收复黄河以南及关中地区，使南朝疆域达到极盛。公元420年，代晋称帝。执政期间，为政勤俭，奠定了"元嘉之治"，也开创了南朝"寒人掌机要"的政治格局，是魏晋南北朝历史上少有的有作为的皇帝，被誉为"南朝第一帝"（资料图片）

刘裕在卢循撤回寻阳后就大治水军，并命建威将军孙处及振武将军沈田子率兵三千，循海道袭取番禺，并于同年十一月攻下番禺。尔后，沈田子又北上进攻其余诸郡。

而在卢循败于左里南归广州后，刘裕亦派了刘藩及孟怀玉追击。

义熙七年（411年）二月壬午日（3月15日），孟怀玉攻克始兴郡，杀徐道覆。

卢循于三月回到番禺后，围城试图夺回番禺，但孙处抵抗了二十多日，迨至四月沈田子援军赶至，卢循战败逃走。沈田子与孙处联合追击，先后在苍梧、郁林及宁浦三郡击败卢循，后因孙处患病才收兵，卢循得以投奔交州。

卢循在交州攻陷合浦郡，并挺进交州治所龙编（今越南河内）。在龙编，卢循遭交州刺史杜慧度率军击败，只剩三千余众，好在遇到此前为控制交州郡（今广东境内）而起兵的前九真郡太守李逊的部下李脱，获李脱率五千人归附，战力尚存。

四月庚子日（6月1日），卢循再攻龙编，与杜慧度在南津展开决战。《宋书·杜慧度传》记录了这决定性的一仗：

"慧度悉出宗族私财，以充劝赏。慧度自登高舰，合战，放火箭雉尾炬，步军夹两岸射之。循众舰俱然，一时散溃，循中箭赴水死。斩循及父嘏，并循二子，传首京邑。"

杜慧度尽散家财赏赐给士兵，登舰亲自指挥与卢循作战，朝卢循的船舰掷火具，施以火攻。卢循军终溃败。

卢循身负箭伤，自知不能免死，先把妻儿十余人毒死，又召集妓妾问谁愿意跟其一起死，响应者寥寥。卢循把那些不愿随死的人全部毒杀，然后投水自尽。

杜慧度捞起卢循尸体并斩首，联同卢循父亲卢嘏、两个儿子及李脱等人的七个首级送呈建康。至此，卢循之变终结。

"卢亭"的传说

公元399年至411年爆发的这一场战乱，有人认定是农民起义，也有人根据其贯穿始终的烧杀抢掠行为，归结为暴乱，其性质在史学界一直没有令人折服的定论。本书无意于对这一事件进行评价，抱持客观立场，姑且含混地称之为民变事件。之所以对这段历史不嫌累赘地进行回顾，只因为这场战乱平息后，本书讲述的对象——沙井蚝——准确说来是沙井蚝的前身，开始出现在史书里。

卢循既亡，余党自然是树倒猢狲散，亡命天涯。当时珠江出海口一带多为海岛，还未被冲积成今天这样的冲积平原，卢循余党大多往南撤到这众多的海岛上。400多年后，一个叫刘恂的人提到了这段历史。

刘恂，河北雄县人，唐昭宗朝为广州司马。官满，上京扰攘，遂居南海，作《岭表录异》，记述岭南异物异事，最多的是岭南人的食物，尤其是各种鱼虾、海蟹、蚌蛤的形状、滋味和烹制方法，以及岭南人喜食的各类水果、禽虫等。

在《岭表录异》中，刘恂记载道："卢亭者，循（卢循）昔据广州，既败，余党奔入海岛野居，惟食蚝蛎，垒壳为墙壁。"短短二十几字，信息量却极大。

先说卢亭。卢亭，又称为卢馀，是传说中的一种半人半鱼的生物，居于大奚山（今大屿山，香港岛和珠海万山等岛屿的合称）上，据说是卢循之后。

明朝东莞人邓淳著的《岭南丛述》提到："大奚山，三十六屿，在莞邑海中，水边岩穴，多居屿蛮种类，或传系卢循遗种，今名卢亭，亦曰卢馀"。

明末清初诗人屈大均《广东新语》记载，"有卢亭者，新安大鱼山与南亭竹没老万山多有之。其长如人，有牝牡，毛发焦黄而短，眼睛亦黄，而鬵黑，尾长寸许，见人则惊怖入水，往往随波飘至，人以为怪，竞逐之。有得其牝者，与之媱，不能言语，惟笑而已，久之能著衣食五谷，携之大鱼山，仍没入水，盖人鱼之无害於人者。"

值得留意的是，屈大均提及的新安，也就是今日的宝安。当年，屈大均曾乘舟途经大奚山此地，因有感而作《卢亭诗》云：

老万山中多卢亭，雌雄一一皆人形。
绿毛遍身只留面，半遮下体松皮青。
攀船三两不肯去，投以酒食声咿嘤。
纷纷将鱼来献客，穿腮紫藤花无名。
生食诸鱼不烟火，一大鲈鱼持向我。
殷勤更欲求香醪，雌者腰身时袅娜。
在山知不是人鱼，乃是鱼人山上居。
编茅作屋数千百，海上渔村多不如。

根据屈大均的描述，传说中的卢亭一族，已经演变成为一种在文明社会人们眼中看来似人非人的怪物，实则已退化成为野人。他们椎髻、裸体，语言无人能懂，以采集野生植物和捕捞鱼、蚝等海洋生物为生，可以生食鱼、鳖，在水中生存数日。

现实中，历经了东晋之乱，隐居于新安大奚山上的卢循后代，确实是远离尘世，与朝廷再无纷争。然而到了南宋，朝廷以卢亭一族未得其许可贩卖私盐为由，在宋宁宗庆元年间出兵大奚山，对岛民进行大屠杀，卢亭一族几乎被歼灭，幸存者据说就是今日疍家人的始祖。出生在澳门海边渔艇上的音乐家冼星海先生，就是卢亭人的后代。

　　刘恂的《岭表录异》还提到卢亭一族的饮食和居所："惟食蚝蛎，垒壳为墙壁"。蚝蛎，就是牡蛎，广东人称之为蚝。古时香港、宝安一带均属莞邑，由《岭表录异》记载的这段文字，可以推断出：首先，卢亭们选择逃亡至莞邑沿海，说明此地当时人烟稀薄，四野荒芜，否则目标扎眼的朝廷反民断不敢结队隐匿于此；其次，卢亭们以蚝蛎为食，一个"惟"字，道出了包括今日沙井在内的莞邑沿海一带，在东晋末年，野生蚝蛎数量已然可观，可供逃亡此境的卢循余党聊以充饥。至于卢亭用蚝壳垒成的房子，称为蚝壳屋，是就地取材的建筑典范。

野生蚝（程建 供图）

这一记载，算是沙井蚝首登历史舞台，拉开了其后闪耀千年的序幕。

程建学长根据其多年的研究，对当时的历史进行了还原。在他看来，卢亭们能够采食蚝蛎，说明当时的莞邑人没有把蚝蛎当作食品，至少不是常规食品，否则轮不到卢亭这些落荒而逃的朝廷钦犯采食。也只有卢循这些余部，由于他们大多是从浙东沿海漂流下来攻占广州的，在浙东本就久居海岛，有采食蚝蛎的经验，逃亡之际，在海岛上发现无人采食的蚝蛎，自是喜出望外，聊以充饥。

卢亭流落到莞邑沿海，正是蚝蛎养殖后来成为当地支柱产业的关键，这是一个历史性的节点。

程建学长解释道，牡蛎没有附着物无法生存，根据他的实地考察，珠江口东岸，也就是莞邑海岸线多为泥沙质滩涂，极少礁石，蚝蛎生存的自然条件并不优越。古时缺乏航海工具，生活在大陆上的莞邑沿海土著，接触蚝蛎的机会不会太多。而卢亭隐匿的海岛，岛上的礁石可以让野生蚝蛎附着生存，蚝蛎也就自然而然成为他们的食物。刘恂的《岭表录异》记录了卢亭食用蚝蛎的情形："海夷卢亭往往以斧揳取壳，烧以烈火，蚝即启房。挑取其肉，贮以小竹筐，赴墟市以易酒。"

卢亭的到来改变了当地土著对蚝蛎的认知。按照刘恂的表述，卢亭们用斧头把蚝从礁石上敲下来，置大火上烧开蚝壳后，挑出蚝肉，装在小竹筐中，拿到墟市去换酒。人类历史的发展，很多时候是通过商品的交换行为推进的。卢亭将采集得来的蚝带到陆岸上易酒、换盐，往来多了，蚝的美味一旦为当地土著接受，人们必然会千方百计创造条件尝试养殖，蚝蛎的繁殖环境由海岛往大陆滩涂发展的历史，也就这样开始了。

北宋时期，广东**靖康、归德**盐场一带的**采蚝业**逐步发展成**养蚝业**。梅尧臣《食蚝》诗**描写归靖人**的"**插竹养蚝**"技术，留下最早的**人工养殖蚝蛎**记录。

第二章
养蚝初兴

蚝蛎通识

卢亭人赖以充饥的蚝蛎，学名为牡蛎，别名还有蛎蛤、左顾牡蛎、牡蛤、蛎房（名见《本草经》）。东汉杨孚撰《异物志》中有古贲之称。

牡蛎是软体动物，身体长卵圆形，生活在浅海7米左右的泥沙中，肉味鲜美，壳生或煅可入药，又名蚝。

牡蛎的种类很多，全世界已发现的有100余种，分布于热带和温带。我国自黄海、渤海至南沙群岛均产，约有20种。已进行养殖的牡蛎种类有：近江牡蛎、长牡蛎、褶牡蛎、大连湾牡蛎和密鳞牡蛎等。养蚝业历史悠久的深圳，其养殖品种多为近江牡蛎，特点是泥腥味少。

牡蛎壳形不规则，形态也较多，长形、卵圆形、扇形、三角形、圆形皆有。大而厚重，贝壳是层鳞片，左右两片。左壳（或称"下壳"）

"蚝"，通常是广东人的叫法，福建人称"蚵"，浙、苏一带的人称"蛎黄"，山东以北沿海的人们称"海蛎子"。它同文蛤、鲍、缢蛏一样都是贝类，是一种经济价值很高的海产食用贝类。属双壳贝类，瓣鳃纲，牡蛎科。5~9月繁殖，杂食。海洋均产，我国沿海地区常见（程建 摄）

附着在他物上。中间有凹槽，软体藏在里面，右壳（或称"上壳"）较扁平而小，像个盖子盖住软体，无足及足丝。

牡蛎贝壳的形状不仅因种而异，而且易受环境影响。如附着物的形状，风浪冲击，以及其他生物在其贝壳表面附着等因素，均能导致贝类外形发生变化。

壳色有黄褐、青灰、灰绿和紫酱色等，有些还夹着彩色的花纹。

牡蛎须终生营固着生活，不能脱离固形物而自行移动，一生仅有开壳和闭壳运动。贝壳运动时，只限于右壳（即"上壳"）作上下挪动。它的闭壳肌收缩时，壳迅速闭合，闭合的力量相当惊人。据科学测定，其力量足以拖动一件大于自身重量数千倍的物体。

不同种类的牡蛎，对外界环境，特别是对温度和盐度的适应能力是不同的。我国养殖的几种牡蛎均属广温性，在－3～32摄氏度的范围内，都能生活。对盐度也有不同的适应能力，一般盐度10%～25%为好。

牡蛎喜食素，主要是海里单细胞浮游生物和有机碎屑，尤喜浮游硅藻类，如圆饰硅藻、舟形硅藻、菱形硅藻和海链硅藻等等。摄食时，除选食物的重量、个体大小外，对食物价值是不讲究的。摄食也无特殊规律性，一般水温在25摄氏度以下，10摄氏度以上时摄食旺盛，在繁殖期内，摄食强度减弱。黑夜或水温低时，就闭壳停食。奇特的是，皓月当空之夜，食欲旺盛。其滤水能力，一只肉重20克的牡蛎，每小时能滤5～22升的海水；有时，能滤达31～34升海水，相当于自身肉重的1500～1700倍。也就是说，每只蚝每天要吞吐数百升含有各种浮游微生物的海水。

明代李时珍认为："蛤蚌之属皆有胎生卵生，独此化生，纯雄无雌，故得牡名。""纯雄无雌"，实乃一种误会。实际上，牡蛎有雌雄同体和雌雄异体两种性现象，性别很不稳定，卵生型的牡蛎，均有性变换的现象，雌雄经常变换。同一个牡蛎个体在不同年份或季节，其性别可以不同。牡蛎的繁殖期，种类的不同也有差异。繁殖季节，大都在本海区水温较高，密度较小的几个月份里，一般是4～8月间，盛期为6～7月，且产卵量很高。

蚝俗称"海中牛乳"，是中国海产四大贝类之一。蚝肉富含蛋白质、脂肪、维生素、氨基酸等多种营养成分，对健肤美容和防治疾病有良好效果。现代医学研究发现蚝所含有的牛磺酸，对调节人体新陈代谢有显著功能。

我国培植牡蛎有两千多年历史。牡蛎生成较慢，通常需要养殖3～5年才可收成。在养成条件较好的海区，养两三年也可收成。收获季节一般在蛎肉最为肥满的冬春两季。民间有"冬至到清明，蚝肉肥晶晶"的俗谚，意即从冬至开始到次年清明的牡蛎肉最为肥美，是最好吃的时候。

沙井蚝
前世今生

插竹养蚝

2017年中春日，根据程建学长的建议，我驱车近两小时，跨越虎门大桥，来到了广州南沙的龙穴岛。

龙穴岛是南沙南端万顷沙的一个小岛，面积约2.8平方千米，位于伶

龙穴岛鸟瞰图。龙穴岛地处珠江口，扼守广州的出海口，地理位置重要。海岛主要由3座几十米高的山头组成。历史上，岛四周受海潮冲刷，形成众多的海石洞，传说是明末清初广东著名海盗张保仔的藏宝洞。又有传说海上常有蛟龙出没，以岛上的这些洞为穴，因而得名龙穴山。海岛周边的石礁为野生蚝蛎提供了生存条件，据说沙井蚝的养殖始于此。多年的水土冲积，加上这些年的填海开发，海岛周边的地貌已不复当年，现为广州的造船基地（广州市南沙区档案局 供图）

仃洋的西北一侧，经焦门、虎门的珠江水从它的两侧注入大海。它西临万顷沙半岛，北望番禺南沙，东面是深圳宝安，南面是浩瀚的伶仃洋。

龙穴岛过去称龙穴山，又名龙穴洲。古人没有岛的概念，后人所谓的"岛"，在他们眼里就是江海上冒出来的山。长溜溜的一颗落花生形状的小岛上，有着3个几十米高的山头，其中两个并列在一起，另一个相隔几百米，突起在岛屿的一端。此地青山坏抱，绿树成荫，江海茫茫。历史上，岛四周受海潮冲刷，形成众多的海石洞，谓龙宫、虾宫、蟹宫、鲤鱼宫、藏宝洞等，传说是明末清初广东著名海盗张保仔的藏宝洞。又有传说海上常有蛟龙出没，以岛上的这些洞为穴，龙穴山或龙穴洲的得名由此而来。《新安县志》记载："顺治九年七月五日，龙穴有九龙飞腾，经臣上村、臣下村，数里而去"。《东莞县志》也记载这里"尝有龙出没其间"。所谓"九龙飞腾"，估计是当时曾刮巨大的龙卷风，卷起九条水柱的自然现象吧。多年的水土冲积，加上这些年的填海开发，海岛周边的地貌已不复当年。

立足山头眺望，东北方的海面上，有座巨礁，因形似一只小舢板，得名舢板洲。此礁据说退潮时可涉水而至，但凭现场目测，有点难以想象。早在1840年6月的道光年间，英国人曾在礁上建造灯楼，为自己的舰队导航。现礁上有座高20米，至今仍在发挥作用的乳白色灯塔。据《中国航标史》记载，该灯塔建于1915年，由法国人设计，是当年广州海关为各国商船导航而建。

舢板洲东面，隔海相望的，赫然正是宝安沙井。

程建学长之所以介绍我到这里，是因为根据他的研究，今日沙井蚝的前身，就诞生于此。当年的龙穴洲，明代万历元年（1573年）以前，属东莞县，之后乃新安县属地。

　　龙穴岛附近的舢板洲。道光年间（1840年6月），英国人曾在礁上建造灯楼，为自己的舰队导航。现礁上有座至今仍在发挥作用的灯塔，乳白色，高20米，是1915年当时的广州海关为各国商船导航而建的，设计者是法国人。在舢板洲东望，可见对岸的宝安沙井（广州市南沙区档案局　供图）

珠江口地处南海，海域辽阔，水温较高，海底地形复杂，生态环境多样，具有丰富的海洋生物资源。尤其在咸、淡水交汇的地区，浮游生物特别丰富，适宜各种海洋生物繁殖，因而这一带几千年以前就自然生长着近江牡蛎，人称"天蚝"或"野蚝"。早在远古新石器时代，当地海滨居民就已经过着"靠海吃海"的渔猎生活。卢循余党逃亡至此，在荒无人烟的海岛能维持生计，全仗野蚝。这些无人采食的蚝蛎，猎获容

沙井蚝
前世今生

番禺莲花山，位于珠江口狮子河畔，距离广州市区20千米，原名"石狮头"，远自西汉时期，先民们在此大规模开采石料，因采石后留下来的石头似出水芙蓉（莲花）而得名。莲花山面向狮子洋，有"广东长城"之称，鸦片战争时，林则徐率兵在此设立了防止英军入侵的第二道防线。现面向狮子洋的山腰，有一屹立在两层莲花宝座上的望海观音宝像，于1994年10月23日建成开光，高40.88米，用120吨青铜铸成，外贴180两纯金，是目前金箔观音铜立像的世界之最。根据崇祯《东莞县志》记载，莲花山"顶上有池，池中有石带牡蛎壳，相传为靖康产蚝之端"（杨达超 摄）

易，无需特别工具，自然成了初来乍到的卢亭们的食物首选，并通过他们的交易，使蚝进入当地原住民的食谱，为后来的人工养殖埋下伏笔。

到了北宋时期，珠江流量稳定，珠江口海水可上冲至今日东莞麻涌、虎门一带，成为咸淡水交汇区。这里是多条河道的入海口，河水带来大量硅藻类浮游微生物，很适宜蚝蛎生长。蚝蛎食料富足，自然吃得比别处更为肥美，体大肉肥，鲜嫩爽滑。渐渐地，这一带出产的蚝蛎，成了远近皆闻的名产。这一名产，当时有个统一的名号：靖康蚝。

靖康，位于珠江口东岸、番禺莲花山对面的璋澎，即今天的东莞市麻涌镇璋澎村，璋澎海滩正对着莲花山脚。

程建学长称，野生蚝蛎是依附海岛的礁石而生的，沿海的淤泥滩涂不可能有大量野生蚝蛎出现，除非有人为的因素，有意识地给蚝的生长提供各类附着物，也就是人工养殖。据传，珠江入海口海湾一带最早的养蚝业，就是从靖康开始的。《崇祯东莞县志》记载："莲花峰在城西四十里，九峰峻耸，状若莲花。又名三角山。顶上有池，池中有石带牡蛎壳，相传为靖康产蚝之端。"也就是说，麻涌一带海域所产的靖康蚝，开端于莲花山，繁衍于麻涌。至于后来取代靖康蚝名称的沙井蚝，则来自龙穴岛。

靖康之名，因宋代官设的靖康盐场而得。此地和今日沙井所在的归德盐场在宋元至明中期以前，不仅海盐产量在广东占据重要地位，而且，该海域产出的蚝蛎当时也广受赞誉。

靖康蚝出名了，奇货可居，四方渴求，行情渐涨。当地人从收获野生蚝蛎中尝到了甜头，野生蚝供不应求的时候，人们自然想着法子尝试通过养殖，以扩大供应量。这样的心态和思维逻辑，古人与现代人是没有太大差异的。

养殖方法的获得，可谓得来全不费功夫。

观音里，建在沙井古墟龙津河边的一片民居间，内有一对清朝留下来的香炉。据说，这里就是始设于北宋时期的归德盐场盐政管理机构——盐课司衙门的遗址。因此故，附近的村落，名叫衙边村。归德盐场盐课司管辖范围包括新桥、大步涌、后亭、大田、冈头、涌口等十六社（程建 摄）

　　话说北宋年间，渔民在不便出海或捕鱼工具匮乏之时，便另谋出路，以守株待兔的方式，立竹竿木桩围网海边，以待落潮时网得渔获。久而久之，就有蚝种附生在竹竿木桩上，历二三载而肥大可食。相比于野采之蚝，这些蚝蛎得益于近海滩涂丰富的浮游食料，既丰且硕。村民惊艳于这意外收获，遂如法炮制，干脆专事设桩养蚝。

　　再后来，聪明的当地人根据蚝蛎附着岩石生长的特性，想出了一种养殖方式，就是将竹竿与石块结合起来充分利用，增加特定海域面积内的附着物，为蚝蛎提供生长家园。他们找来竹竿，插在浅海滩涂上，杆上绑着捡来的石块。这样一来，可以在石头上引种蚝蛎，待收获季来临，拔竿即走，非常便于管理和收取成蚝。这种养殖方式，就是宋书记载的"插竹养蚝"。根据史书记载，当时广东、福建、台湾等地海域即有"插竹养蚝"的养殖方法。

说起来，养殖蚝蛎可算得上一本万利的营生，毕竟可养海面辽阔，滩涂养殖一般不需耗费太多财力建立养殖地。最关键的是，说是养殖，平日里却不需投饵，且蚝苗一旦附着在竹竿上即永久定居，不再移动，渔民辛苦养殖不会有竹篮打水之虞。只要做好防范台风巨浪的措施，放养苗种后长则三四年、短则两三年即可采收，成本低而收益高，自然广受当地渔民青睐。

这种简单有效的养殖方式传播开来，靖康盐场周边的采蚝业自然而然地就过渡到养蚝业，有些渔民干脆变成了专业蚝民，慢慢地形成了一定养殖规模，蚝田遍及海滩。当时的靖康、归德沿海，每到退潮的时候，一片片蚝田露出海面，一排排插竿养殖的蚝苗如一望无际的稻田；涨潮的时候，排排蚝苗若隐若现只露出竿尖，星罗棋布于海面，形成壮观的海上田园风光。

人工养殖蚝的出现，相比以前的野生蚝采集，蚝的产出量大为增加，放大了此地蚝业的影响力，无疑有助于进一步打响这一物种的名号，形成了良性循环。

在这一地域物产品牌形成的过程中，沙井人应该特别感谢一人，是他以文学的样式使得今日的沙井蚝不仅声名远播，而且更为难得的是，将当年的养蚝方式记录了下来，使得千百年之后，人们依然可以明晰地了解当年的劳作。此人就是在北宋诗文革新运动中，与欧阳修、苏舜钦齐名，并称"梅欧"或"苏梅"的著名诗人——梅尧臣。

梅尧臣与清蒸蚝

梅尧臣（1002年～1060年），字圣俞，宣城（今安徽宣州）人。因汉时宣城称宛陵，故世称宛陵先生。他生于农家，幼时家贫，酷爱读书，16岁乡试未取之后，由于家庭无力供他继续攻读再考，就跟随叔父到河南洛阳谋得主簿（相当于现今的文书）一职，后又在孟县、桐城县连续担任主簿职务。在连任三县主簿之后例升知县，召试，赐进士出身，授国子监直讲，官至尚书都官员外郎。

在北宋诗文革新运动中，梅尧臣与欧阳修、苏舜钦齐名，并称梅欧或苏梅。其早期诗歌创作，曾受西昆诗派影响，后诗风变化，强调《诗经》《离骚》的传统，反对浮艳空泛。艺术上，注重诗歌的形象性、意境含蓄等特点，主张"状难写之景如在目前，含不尽之意见于言外"。所作多反映社会现实和民生疾苦。他对宋代诗风的转变影响很大，宋末文坛领袖刘克庄称其为宋诗的开山祖师。

梅尧臣写诗富于现实内容，题材广泛，尤喜乡野生活，《田家四时》《伤桑》《观理稼》《新茧》等传世之作，多有关注农民命运。

据民间传说，庆历年间某秋日，梅尧臣利用迁任新官的间隙，游历岭南，来到广州一带。

那时，广州已以美食出名，尤其海鲜贝类，独具鲜味，声名远播。而早在宝元二年（1039年）任襄城县县令时，梅尧臣曾品尝过友人带来的干蚝（蚝豉），对其美味念念不忘。接待方得知梅大诗人对蚝豉情有

宋元时期的沙井蚝业

两宋时期，蚝的主要区主要集中在麻涌一带，称为靖康蚝。元代，养蚝业已具有一定的规模，"民户岁纳税粮，采取贷卖"，蚝民们每年都要向官府缴纳税粮，专职蚝民由于只产蚝不产粮，就采取卖蚝换粮交税的方式。

梅尧臣像　　　　宋梅尧臣《食蚝》诗

沙井蚝文化博物馆陈列的梅尧臣像及清康熙《东莞县志》收录的《食蚝》诗。梅尧臣（1002年～1060年），字圣俞，宣城（今安徽宣州）人，在北宋诗文革新运动中，与欧阳修、苏舜钦齐名，并称梅欧或苏梅。他对宋代诗风的转变影响很大，宋末文坛领袖刘克庄称其为宋诗的开山祖师。190字的《食蚝》诗，是我国现存最早的蚝诗，留下了世界人工养殖牡蛎最早的记录（阮飞宇　摄）

独钟，便着人运来一筐大名鼎鼎的靖康鲜蚝，当场开壳烹制。

梅尧臣素来喜欢了解农家生活，得以近观生蚝烹制过程，自然不放过了解蚝农如何养蚝食蚝的机会。蚝生于何处，如何种养，他一一询问；食蚝的烹调方法，厨工开蚝取肉的全过程，他细心观察，记录在心。看到开蚝时用铁把撬、用锥刀解，好不容易才将蚝肉从壳中取出，一边是清白如膏、甘美无比的鲜嫩生蚝，一边是蚝农养蚝的艰难历程和厨子开蚝烹制的辛苦劳作，梅大诗人感触颇深，诗意顿生。

归去上任后，梅大诗人对靖康蚝的美味念念不忘，食蚝的情景记忆犹新，乃至辗转不能入睡。内心的纠缠，最终化作了名炙千古的《食蚝》诗。这首190字的古诗，是我国现存最早的蚝诗。"雅闻靖康蚝"，这是历史上第一次对地域蚝名所给的称谓；"并海施竹牢""掇石种其间"，则是世界人工养殖牡蛎最早的记录。

薄宦游海乡，雅闻靖康蚝。
宿昔思一饱，钻灼苦未高。
传闻巨浪中，碨磊如六鳌。
亦复有泅民，并海施竹牢。
掇石种其间，冲激恣风涛。
咸卤日与滋，蕃息依江皋。
中厨烈焰炭，燎以菜与蒿。
委质以就烹，键闭犹遁逃，
稍稍窥其户，清澜流玉膏。
人言噉小鱼，所得不偿劳；
况此铁石顽，解剥烦锥刀。
戮力效一饱，割切才牛毛。
若论攻取难，饱食未能饕。
秋风思鲈鲙，霜日持蟹螯。
修靫踏羊肋，巨商剚牛尻。
盘空箸得放，羹尽釜可鐕。
等是暴天物，快意亦魁豪。
蚝味虽可口，所美不易遭。
抛之还土人，谁能析秋毫。

"薄宦游海乡，雅闻靖康蚝。宿昔思一饱，钻灼苦未高。"此诗开篇即交代了食蚝的缘由和心情。薄宦，诗人自谦为地位低微的小官，游历南海乡野之地，久闻靖康蚝的美名，品食之前，想到可得饱尝一顿，激动得竟辗转无眠，哪会想到这食蚝又是钻又是灼的，辛苦得令人难以高兴起来。

"传闻巨浪中，碨磊如六鳌。"描述的是蚝的生长环境和状况。天然的蚝是生长在巨浪之中的，如同六鳌一样附着在礁石上，魂礌相连。所谓六鳌，典出《列子·汤问》，乃神话故事中负载五仙山的六只大龟。相传东海有五座仙山，相距七万里，随波漂荡，山上的众仙深受其苦。天帝命东海龙王禺强派了十五只巨鳌举首戴之，五仙山始得稳定。后来龙伯国有一巨人，一下子钓走了六只巨鳌，把它们背回家去。

"亦复有沺民，并海施竹牢。掇石种其间，冲激恣风涛。咸卤日与滋，蕃息依江皋。" 此处描述的就是最具历史价值的人工养蚝情景。按照诗人的描述，沿海地区的沺民百姓，到浅海滩上牢固插下竹竿，围出一个固定的地方，再捡来石头绑在其间。在海浪波涛的翻滚冲激中，利用石块采种养蚝。随着咸水一天天浓度增加，蚝也在这些石头上滋生繁衍，一天天长大。

"中厨烈焰炭，燎以莱与蒿。委质以就烹，键闭犹遁逃。稍稍窥其户，清襕流玉膏。"此段描述煮蚝的情形。烹饪生蚝需用猛火，厨灶里不断添加干草以烧开锅里的水，再将带壳的蚝倒入烹煮。蚝遇热水即慌忙紧闭双壳，犹如躲闪逃跑一般。然这种闭合终究是徒劳，煮过的蚝壳微微张开，透过缝隙能稍稍窥见里头的蚝肉，流出如玉般润滑的膏汁。在这里，诗人用青襕形容蚝壳，别致而贴切。所谓清襕即青襕，青色的襕袍，是唐代男子的时尚服饰。

"人言啖小鱼，所得不偿劳。况此铁石顽，解剥烦锥刀。戮力效一饱，割切才牛毛。若论攻取难，饱食未能餍。"这一段，描述食蚝的艰难。苏轼的《读孟郊诗二首》咏道："初如食小鱼，所得不偿劳；又似煮彭越，竟日嚼空螯。""人言啖小鱼，所得不偿劳"一句显然借用了苏诗，言下之意收获与付出不相称。"啖"，同"啖"，吃的意思。既然吃小鱼都得不偿劳，吃蚝就更不值得，以其坚如铁石之壳，要想撬开得用锥刀。费那么大的气力撬开一个，才得到那么点蚝肉，取肉如此艰难，要饱食一顿真的难以满足。

"秋风思鲈鲙，霜日持蟹螯。修靬踏羊肋，巨胾剽牛尻。盘空箸得放，羹尽釜可鐇。等是暴天物，快意亦魁豪。"此段通过描写品尝其他美味的快意，反衬食蚝的艰难。思鲈鲙的典故出自《晋书·张翰传》。西晋人张翰曾任大司马东曹掾，厌倦洛阳官场，恰值秋风吹拂，他乘兴吟出著名的《思吴江歌》："秋风起兮木叶飞，吴江水兮鲈正肥。三千里兮家未归，恨难禁兮仰天悲。"感叹"人生贵得适意尔，何能恋宦数千里，以要名爵。"遂命驾归吴。持蟹螯的典故来自《晋书·毕卓传》。毕卓曾任吏部郎，常因醉酒耽误公务。他曾对人说："得酒满数百斛船，四时甘味置两头，右手持酒杯，左手持蟹螯，拍浮酒船中，便足了一生矣！"修靬，是用羊肋或从羊肋剔下来的细长肉条做成的美食。即使是做巨大的肉胾，其材料也可从牛臀轻易取得。尻，臀部也。诗人的意思是，无论是品鲈鲙、蟹，还是尝修靬、肉胾，这些都是容易取食的食物，所以吃起来就十分快意，盘空了就放下筷子，汤尽了就清洗瓦釜，爽快到极。

"蚝味虽可口，所美不易遭。抛之还土人，谁能析秋毫。"诗的结尾，感叹美味的难得。诗人认为，蚝味虽美，却不易得，还是将其还给土人，看谁能够细心地将蚝剖开，取出更多的蚝肉。

脍炙人口的《食蚝》诗，对养蚝生活和食蚝感受描写得如此细致入微，形象生动，意境开朗，得益于梅尧臣对乡村生活的兴趣和了解。诗中，"亦复有泪民，并海施竹牢。掇石种其间，冲激恣风涛"等句，是梅大诗人深入了解蚝民养蚝生产获得的知识。而"稍稍窥其户，清澜流玉膏"，"况此铁石顽，解剥烦锥刀。戮力效一饱，割切才牛毛"等句，则是他亲身观看开蚝和首次窥见鲜蚝肉时的切身感受。

没有深入底层了解，没有亲身深入生活，是难以写出生活意境如此细微的诗篇来的。《食蚝》诗，既传颂着靖康蚝的美名，也传颂着诗人对农村生活的热爱和向往，充分体现了梅尧臣"状难写之景如在目前，含不尽之意见于言外"的创作主张。

这首《食蚝》诗没有收集在《宛陵先生集》。于是，有学者断定该诗是托名梅尧臣的伪作。查梅尧臣的行踪，他南行至湖州而止，确实没有到过岭南。对此，程建学长的看法是，即使诗人从来没有来过这里，也不能轻易推断这首诗就不是他作的。我们知道，诗歌不一定就非得描写亲历亲为之事，传说同样能引发诗人的想象。梅尧臣那首《范饶州坐中客语食河豚鱼》诗，就是在范仲淹的宴席上听了客人的讲述而作的。所以，《食蚝》诗可能也是他根据别人对靖康蚝的介绍，以亲历者的口吻而创作的。

清康熙年间，东莞县衙在编写《东莞县志》时（其时宝安划属东莞），特地把梅尧臣的《食蚝》诗录入了其内，作为史料。嘉庆年间，新安（宝安）从东莞划出另立为县，新安县衙在编写《新安县志》时，同样将梅尧臣的《食蚝》诗录入其中，传至今天。后者收录此诗时，出于地方利益考虑，对个别地方做了修改，详情在本书后面将有述及。

第二章 养蚝初兴

东坡嗜蚝

说到梅尧臣与靖康蚝的渊源，还有一人不能不提。此人就是宋代大文豪苏轼。

苏轼（1037年～1101年），字子瞻，又字和仲，号东坡居士，眉州眉山（今四川眉山市）人，中国北宋文豪，"三苏"家族成员之一，"唐宋八大家"之一。其诗、词、赋、散文均成就极高，且善书法和绘画，是中国文学艺术史上罕见的全才，也是中国数千年历史上被公认文学艺术造诣最深的大家之一。除了文艺、政治上的成就，苏东坡还有一身份也广受推崇，那就是不折不扣的美食家。

说起来，苏东坡与梅尧臣也是渊源不浅。苏东坡参加礼部主办的全国大考时，梅尧臣是考官之一，阅卷时被苏东坡的文章打动，便向好友欧阳修推荐。欧阳修阅毕也很欣赏，只是因为卷子隐名，欧阳修根据文字风格揣测是自己弟子曾巩所作，为避嫌不敢定为第一，退其次将其录取为第二名。事实上那次考试曾巩并未进入前列。事后，苏东坡给梅尧臣写了一封《上梅直讲书》，深表感激之情。

作为被梅尧臣慧眼相中的大才子，苏东坡的蚝门情结不让其伯乐。

据崇祯《东莞县志》记载，北宋绍圣元年（1094年），苏轼被宋哲宗贬谪至惠州时，途经东莞，住在资福寺，该寺的方丈僧祖堂和当地人夏侯生作陪，成为朋友。苏轼在惠州四年，常常乘船来往于资福、觉华两寺之间。苏轼听闻靖康海市的奇绝景象，就一定要去观看。到了海

苏轼像

　　沙井蚝文化博物馆陈列的苏轼像及《食蚝》一文。苏轼（1037年～1101年），字子瞻，又字和仲，号东坡居士，眉州眉山（今四川眉山市）人，中国北宋文豪，"三苏"家族成员之一，"唐宋八大家"之一。其诗、词、赋、散文均成就极高，且善书法和绘画，是中国文学艺术史上罕见的全才，也是中国数千年历史上被公认文学艺术造诣最深的大家之一。除了文艺、政治上的成就，苏东坡还是不折不扣的美食家。在《食蚝》一文里展露的黑色幽默，使苏轼无意间成为食蚝代言人（阮飞宇　摄）

边，海市蜃楼并没出现。祖堂宣称这东西是神灵变的，建议东坡写一篇诗文祭它，也许就能看到。苏轼即刻写了一首长短诗，面海而焚，边烧边歌咏。还没唱完，海上果然出现楼台人马之形，络绎不绝。苏轼看了非常高兴，即兴又赋诗一首记载此事。此传言可信度颇高。据说，这首诗给了夏侯生，夏家世代收藏，到明末还有人见过这件真迹。而且，靖康海市确实存在，明代曾被列为东莞邑中八景之一，东莞和宝安县志就多次记载海市蜃楼奇景："海市多见靖康场，当晦夜，海光忽生，水面尽赤。有无数灯火往来，螺女鲛人之属，喧喧笑语。闻卖珠鬻锦数钱粮米声，至晓方止。"从记载可知靖康海市是当时常见的景观。至清代，新安县（后名宝安县）仍将海市蜃楼列入新安八景。

　　素以饕餮闻名的苏轼，人都到了靖康，不会不品尝远近闻名的靖康蚝。据说某日有友人到新安一带办事，专门绕道归德捎了一桶鲜蚝回去请他品尝。苏大学士是出了名的美食家，会吃能做，这蚝是一吃上了瘾，此后便隔三岔五托人到归德买蚝解馋。

这样的美日子持续了两年多，绍圣四年（1097年），苏东坡再被贬到更远的海南儋州。

在宋朝，放逐海南是仅比满门抄斩罪轻一等的处罚。当年海南是极其落后、没有开化的蛮荒之地。贬谪至此，就再无处可贬了。当时，苏轼已年过六十，他认为此去再无生还希望，便把全家安置在惠州，只带幼子苏过一起渡海。

苏轼初到儋州，原住官舍，后被朝廷得知逐出。所幸当地百姓和一些文人学子对他很友好，帮他修造草屋五间，勉强遮风避雨。苏轼遂把草舍命名为"桄榔庵"，平日"尽卖酒器，以供衣食"，常常以红薯、紫芋充饥。为了解决衣食之困，他向儋州太守要了一块官地耕种，自食其力。

虽然儋州生活极其艰苦，但是苏轼仍然"超然自得，不改其度"（《与元老侄孙书》）。支撑苏东坡熬过这段岁月的，除了精神的豁达，应该还有在惠州养成的食蚝喜好。

海南虽荒蛮，"北船不到米如珠"（《纵笔三首》），但海产终究还是丰富的。在海南也能品尝到蚝蛎，这对老饕苏东坡来说无疑是莫大的慰藉。

元符二年（1099年），苏轼写《食蚝》一文：

"己卯冬至前二日，海蛮献蚝。剖之，得数升。肉与浆入与酒并煮，食之甚美，未始有也。又取其大者，炙熟，正尔啖嚼……每戒过子慎勿说，恐北方君子闻之，争欲为东坡所为，求谪海南，分我此美也。"

深感食蚝之美，在一封写给苏过的信中，苏东坡叮嘱其幼子叔党不要让士大夫知道其食蚝之事，担心众大夫为品鲜蚝美味争着要求贬谪南来。苏大学士苦中作乐的恶搞精神，非常人能及。此事真伪莫辨，但纵观苏东坡传世作品，贵为好食之大文豪，他在南方留下了"日啖荔枝三百颗，不辞长作岭南人"的千古名句，除了私人信件《食蚝帖》，却无一传世诗词提到其挚爱的蚝，似乎反证了此事的确凿。四百多年后，晚明官员陆树声在其小品《清署笔谈》中倒是记述了此事：

"东坡在海南，食蚝而美，贻书叔党曰：'无令中朝士大夫知，恐争谋南徙，以分此味。使士大夫而乐南徙，则忌公者不令公此行矣。'或谓东坡此言，以贤君子望人。"

南宋时期，**归德至靖康一带**，成片**蚝田形成**，主要产区在**靖康**，统称归**靖蚝**。到了元代，东莞**珠江口养蚝**已有一定的**规模**。

第三章

崭露头角

蚝业重心渐次南移

1986年，沙井壆岗。村民陈水通等人在其村前一个土名叫咸田的地方开挖鱼塘。挖着挖着，眼前忽然掘出大量的蚝壳。满怀好奇的村民再往下深刨，挖到3.5～4米深的时候，又发现了大批的蚝壳，夹杂其中的，居然还有数枚南宋"建炎通宝"的古钱币。

这一意外发现引起了有关部门的重视。那一地带，宋元时期为浅海，明代后，因沙土冲积而成了陆地。经考古鉴定，在该土层先出土的大批蚝壳，为明代时期的古蚝壳。其下层，则为北宋文化层，此处发现的蚝壳，为南宋时期的古蚝壳。

南宋的蚝壳，把人们的关注引向了那个动荡年代。

北宋靖康元年（1126年），金兵南侵，将宋徽宗和宋钦宗俘虏北去。次年五月初一，康王赵构在北宋陪都南京应天府（今河南商丘）即位，改元建炎，成为南宋第一位皇帝，史称宋高宗。

北宋曾是历史上较为富强的朝代，史学界公认的看法是，宋朝的国民生产总值占当时世界的50%以上，最高时甚至达80%！最富的时候是宋神宗时代，一年收入大概是16000多万贯（也有一说是6000万贯），约合白银1.6亿两，是盛唐时期的7倍。可是到了两宋交替兵荒马乱的时候，中央政府的税收已经只有1000万贯了。

宋高宗在政治上的软弱退让，对金人的妥协，令国家处于分裂格局，尤其是无辜杀害力主抗战的岳飞，使他留下了千古骂名。不过，政

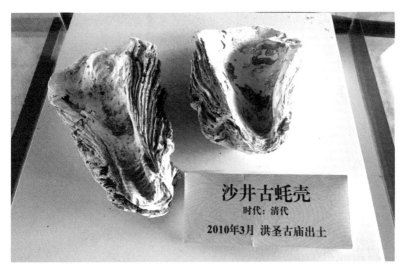

沙井蚝文化博物馆陈列的清代古蚝壳，出土于沙井洪圣古庙。明清时期，在沙井流传着这样一首民谣："沙井三枝花，蚝肉进富家，蚝壳留自家，蚝汤送病家。"从中可以得知，其貌不扬的蚝壳，在蚝民眼里可不是随手可弃的厨余垃圾，而是不可多得的宝贝，既能拿来建房，亦可用以养蚝（阮飞宇 摄）

治上的无能，似乎不该完全抹杀其经济上的作为。他偏安一隅的策略，客观效果上还是不错的，以空间换时间，通过土地的割让，延续了宋朝的命脉，在经济上，成就了南中国的稳定发展。

到12世纪中期，南宋中央政府税收恢复到6000万贯的水平。这是一个怎样的数字呢？要知道，明隆庆五年（1571年），明朝岁入白银仅250万两；万历二十八年（1600年），受益于张居正改革，岁入达400万两；至明末天下大乱，明政府为抵御后金和剿灭农民起义军，先后加派辽、练、剿"三饷"，横征暴敛，每年也仅得1000万两左右，这时，距南宋灭亡已300多年。明朝在国土面积远大于宋朝的情况下，年财政收入不到北宋的1/10，不到南宋的1/6！经济上的繁盛，使在内忧外患的情境下建立的南宋政权，奇迹般地延续了一个半世纪，反倒是曾将北宋逼入绝境的金先于南宋而灭亡。当欧亚大陆被蒙古骑兵以摧枯拉朽之势征服的时候，南宋政权还足足与强悍的蒙古兵抗衡了整整半个世纪，倘若没有一定的实力，是断难做到的。从这一点来说，对宋高宗的认识需要多维角度。

从宋高宗开始的南宋（1127年~1278年），农渔业经济发展在中国历史上是最好的时期之一。

这种发展格局得益于当时中国南方战事较少，社会相对稳定，工商业极度繁荣，对外贸易也较频繁，农渔业经济因而得到了较快的发展。在农渔业经济发展过程中，以靖康（即今日麻涌、虎门一带）为中心的珠江口海湾养蚝业，逐渐向下游扩展，使归德盐场（沙井）附近一带海域也逐渐形成了规模较大的蚝场。当地所产之蚝的名号，虽然还是以靖康蚝为主，但随着归德一带养蚝业的兴起，归德蚝已经开始在业界崭露头角，后来居上之势已在积蓄中，改变从属地位，只是时间问题。

这一论断也从当代的考古成果中得到印证。

20世纪80年代初，顺德曾出土了属于宋代的古蚝壳，说明自宋代以来广东珠三角地方就已有养蚝的习惯。至于沙井地方养蚝的文物留存，20世纪80年代初以前一直未曾发现，难以实物佐证。1958年，沙井镇壆岗村在村前挖河道兴修水利时，曾挖出一大堆古蚝壳，可惜当时文物意识不强，当地人未作任何年代鉴定便将其掩埋了。

这份遗憾，直至1986年陈水通等壆岗村民在咸田意外发现大量南宋古蚝壳，才得以弥补。其意义之重要，对于沙井乃至深圳来说不言而喻。这些古蚝壳，使"沙井宋代始养蚝"的传说和相关历史文献记载为实物所证实，符合《新安县志》中所写沙井自宋代即有"插竹养蚝"之说，也印证了宋代诗人梅尧臣所作《食蚝》诗中描述的"靖康蚝"并非虚构。因此可以论定，堆岗咸田古蚝场的发现，以实物佐证了沙井一带自宋代以来，已有养蚝业存在，而且在南宋之后就已达到一定的规模。

除了南宋整体经济发展因素的促进，南北之间的人口流动，也是推动蚝业发展的重要因素之一。

沙井现居的大部分村民，大都随两宋时期的"南迁风潮"迁徙而来。也就是说，号称移民城市的深圳，其移民历史可以追溯到1000多年前。

"南迁风潮"出现了两次。第一次出现在北宋末南宋初（约1101年～1162年），北方的金兵频频南犯。靖康年间，徽宗、钦宗两宋帝竟然被金人俘掠，成为千古奇辱。中原汉民不忍战乱，纷纷举家南逃避难，引发了岭南历史上规模最大的中原移民南迁潮。另一次，出现于宋（南宋）末元初，由于外族元军由北方举兵南下，中原及长江一带兵荒马乱，汉民南下逃难迁徙之风甚烈，沙井的又一部分姓氏宗族先民，在这次南迁风潮期间迁徙到沙井一带定居，种地务渔，开创祖业。

沙井一带原为古海湾，大约在2500至1500年前由海变陆，成为古百越人的生息地。"自永嘉之际，中州人士避地岭表"，开始有北方士族迁入。

历史上，沙井最早的名称叫作参里，因东晋钦赐孝子黄舒而得名。

北宋时，参里一带设立归德盐栅，后升格为归德盐场。沙井步涌江姓、两大陈姓、新桥曾姓、万丰潘姓祖先先后在北宋末年、南宋初年及南宋中期由北方辗转迁徙到此。北宋天圣九年（1031年），光禄大夫曾志大自南雄迁居归德，成为东山塘下（今东塘）立村之祖。南宋末，陈朝举迁来，定居在黄舒故里，此时参里已改名为涌口里。驸马陈梦龙之子陈宋恩迁居归德场，与沙井陈氏比邻而居。曾仕贵从东莞的县前（东

　　曾氏大宗祠，位于原沙井街道新桥社区深巷路北，2016年12月后归属新桥街道，为广东省重点文物保护单位。曾姓是最早落户沙井的大姓之一。曾氏大宗祠是深圳唯一的五开间三进深带牌楼的古宗祠，面宽21米、进深50米，占地面积1050平方米。明清时，建祠堂按照纪念对象的爵位即公、侯、伯、子、男设定规格，只有公爵的祠堂方可享受五开间的规格。新桥曾氏得享此尊，因其始祖曾仕贵是孔子72弟子之一曾参的第46代孙，曾参获封宗圣公。宗祠始建年代待考，现建筑是清嘉庆三年（1798年）扩建而成。天井中的石牌坊用花岗岩砌筑，坊株用抱鼓石相护，坊额上书"大学家风"。据说，仅清朝时，曾氏一门便出过翰林及7个进士、数十位举人和秀才。中堂前天井处还竖有石碑，记述了新桥曾氏始祖曾仕贵与兄弟曾仕行避乱、逃难、手足分离，后裔持一分为二的猪腰石为凭认亲的经过（程建 摄）

莞老城区）迁徙到归德场，成为新桥立村之祖。元代，元朗屏山邓从光的分支迁居归德场，蛋家薗改名为邓家薗。元末，潘礼智迁邓家薗。这些南迁姓氏族人，开村立业，或垦荒种地，或捕鱼养蚝，渐渐地，沙井一带成为以陈、曾、冼、江、钟等姓氏为代表的单姓大村落。

　　程建学长扎根沙井近20年，走遍当地每一角落，鉴证过每一处古迹，深究了各主要姓氏的族谱和各村村史，甚至几乎找遍了当地每一位说得出几句陈年往事的老人，从他们的零碎记忆里寻找逝去岁月的蛛丝马迹。深厚的史学素养，使他赢得当地人的尊重，以至哪个村修族谱，哪家人发现上几代传下来的宝贝，哪个家族祠堂要写楹联，都要来找他。"比沙井人还了解沙井"，是当地原住村民给予他的评价。基于对当地历史的深入了解，程建学长认为，北人南迁，为开发当地农渔业生产带来了大量劳动力和一定资金，还有中原先进的农业生产技术、生产工具和文化观念，大大促进了当地农渔业包括养蚝业生产的发展。同时，也对推进珠江口海湾养蚝业由麻涌为主的靖康蚝，渐向以沙井为主的归德蚝实现产业转移，注入了动力。事实上，也正是从南宋晚期开始，渐次出现了这种养蚝产业南下转移的趋势，奠定了沙井蚝养殖业产生和发展的基础。

这种变化，考察当地民居的变迁就能找到端倪。这一时期的沙井民居，由以往多为单间泥砖房、单间蚝墙房，逐步转为砖木结构为主，二进三开一天井二廊房的南方广府建筑渐成规模，青砖瓦房开始出现。房屋的变化折射出居民经济的富裕程度，再分析当地民众的收入来源和构成，蚝业经济所起的作用无疑占据了半壁江山。

走进今日沙井新二旧村之中的古村落，还能依稀感受到当年的建筑气息。该村落规模宏大，坐东朝西，占地面积约17万平方米，村内民居建筑以排水沟和小路相隔，井然有序，前后屋墙排列整齐。其规划精细之程度令人惊讶，内有旧屋近300座，其中清代以前始建的仍有90多座，大部分为青砖水墙，船形正脊，博古架。山墙顶部有灰雕，正墙上端有花草人物壁画，俨然雕刻艺术群落。从村落规模、民居（多为统一规划修建）及各姓宗祠建筑可见，宗族财富的积累是十分雄厚的，其房屋品质不亚于因徽商、晋商的崛起而构筑的安徽、山西一带的民居。

沙井古墟以沙井大街为主轴，旁生里巷，"大街—小巷"的两级交通体系，构成"鱼骨状"的街巷格局。图为沙二村的明清古村落，就坐落在沙井大街的里巷，占地面积约17万平方米，规划精细，民居建筑以排水沟和小路相隔，前后屋墙排列整齐，井然有序。村内有旧屋近300座，其中清代以前始建的仍有90多座，大部分为青砖水墙，船形正脊，山墙顶有灰雕，正墙上端有花草人物壁画，俨然雕刻艺术群落（龚碧艳 摄）

沙井蚝
前世今生

　　据史载，到了元代，东莞珠江口养蚝已有一定的规模。《元一统志》中载有"蚝，东莞八都靖康所产，其处有蚝田，生咸水中，民户岁纳税粮，采取贷卖"的文字。蚝民们每年都要向官府缴纳税粮，专职蚝民由于只产蚝不产粮，就采取卖蚝换粮交税的方式。蚝民收入成为朝廷税源，充分说明那时已有一定规模的职业蚝民和蚝业。

陈朝举迁居归德

沙井历史悠久，两三千年以前，已有百越土著居民在此一带栖息繁衍。东晋以来，渐有中原内地姓氏族人移居沙井开村立业。

到了南宋，宋金交战，迫使大量中原百姓为避战乱纷纷南迁。在由北而南的移民潮中，有一位移民不能不提。一来，此人是南宋理学家，在当时已是名士；二来，今日深圳西部，是广府方言主要区域，在来自珠玑巷的不少姓氏中，宝安沙井一带的陈氏支系最为著名。而该支系始祖，相传正是此人——南宋淳熙进士陈朝举。

陈朝举的历史面目，可从宋代东莞篁村白马乡李用文《正议大夫朝举公暨夫人晏氏合传》的记载中得知："公讳孔硕，字朝举，号野望，宋学士文忠公裔孙，晦庵朱先生之高第。举进士，授正议大夫。配晏氏，慈惠谦和，封夫人。因金乱，迁广之南雄……三子咸遵庭训，学富品醇，洵称是父是子矣。晚由南雄入宝安，居归德场涌口里，有《乔》行世。"也就是说，陈朝举是北宋庆历进士陈襄（1017年～1080年）的裔孙，从学宋理学大师朱熹（号晦庵），称为高弟，为南宋进士，特授议政大夫，在当时也是名士一族，著有《释奠仪礼考正》一卷（《宋史》卷二百零四·志第一百五十七·艺文三），有《乔迁集》行世。

据《宋史》记载，宋理宗宝庆初年，诏求直言，户部郎官张忠恕上书陈述八事，其中第七事就提到陈孔硕："当今名流虽已褒显，而搜罗未广，遗才尚多。经明行修如柴中行、陈孔硕、杨简，识高气直如陈

　　宋嘉定六年（1213年），宋淳熙间进士、政议大夫、沙井陈氏的开基祖陈朝举（1134年～1213年）逝世，与夫人晏氏合葬于今沙井中学侧的云林墟（一说夫人晏氏葬于香港青衣山）。其后裔分布于沙井、福永陈屋、松岗燕川、横岗荷坳、龙岗及东莞茶山等地。其中落户沙井、福永一带的后裔大部分以养蚝捕鱼为业，是沙井蚝业的先民。今墓为清代重修。原墓堂、享堂等均为三合土夯成，正中立花岗岩墓碑一块，上刻"宋正议大夫野望陈公、诰封夫人晏氏大母之墓"。墓堂两侧各立一块高48厘米、宽28厘米的《更修初迁祖野望公墓志》青石碑记。陈朝举墓于1999年公布为宝安区第一批区级文物保护单位，同年实施修复保护（程建　摄）

宓、徐侨、傅伯成，金论所推：史笔如李心传，何惜一官，不俾与闻。况迩来取人，以名节为矫激，以忠说为迂疏，以介洁为不通，以宽厚为无用，以趣办为强敏，以拱默为靖共，以迎合为适时，以操切为任事。是以正士不遇，小人见亲。"在此奏疏中，陈朝举被张忠恕赫然列为经明行修的正士，极力推举。

　　程建学长对沙井陈氏祖谱有过深入的研究，曾撰文梳理过陈氏一族的迁徙历程。据《宝安沙井陈氏族谱汇编》载，沙井义德堂陈氏，先世为洛阳人。当年，因中原战乱，陈朝举迁徙到福建侯官，成为当地望族。后因思念故土，率家人回到祖居地洛阳。在洛阳还未停留多久，又遇金人南侵，陈朝举只得再次收拾行囊，离乡别井，率族南行。兴许是受当时的形势所迫，他们没有回福建侯官，而是随着南迁的移民潮，翻过大庾岭，辗转至南雄珠玑巷。

晚年，为给子孙找到一块适宜繁衍的空间，陈朝举拖着病体，率族沿着珠江口东岸南迁，直至珠江三角洲的尽头，在宝安县归德场涌口里（今沙井云林新村一带）才止步。在涌口里，陈朝举建起了锦浪楼，四时八节率子孙登楼，遥祭北方，念念不忘重返中原的家园，可惜至死也未等到北归的那一天。倒是越来越多的北方移民南迁而来，比邻而居，使这方原本荒芜的土地渐成鸡犬相闻的村落。

陈朝举原配夫人晏氏，生于绍兴八年（1138年）八月十六日，终于开禧三年（1207年）四月初八日，享寿70岁。宋嘉定六年（1213年），陈朝举也走完了人生历程，享寿80岁，葬在云霖岗（平洋岗）。现墓于1999年12月重修，为宝安区文物保护单位。

弥留之际，陈朝举肯定不会意识到，自己的南迁之举，会对800年后深圳西部的开发、人文的传播、家族的繁衍，产生重要影响。

陈朝举生育了3个儿子：长子康道、次子康适、三子康运。长子的后裔如今主要定居于宝安燕川；次子的后裔如今主要居住于横岗荷坳；三子的后裔，就是如今居住在沙井的陈姓蚝民。他们均奉陈朝举为始祖。

陈朝举三子陈康运，宋孝廉，涌口陈氏二世祖，聪明勤学，除四书五经外，二十一史熟读于心，虽举孝廉，隐居不仕，晚年著有《云溪诗集》。原配钟氏，封七品孺人，生一子子良。子良生健庵、顺庵二子。健庵无出，长房康道孙嗣宗三子友亮入继。

陈友亮是继其先祖陈朝举之后，对家族发展起关键作用的人物。正是这位归德陈氏第五代的陈友亮，由于涌口里再也住不下那样多的陈氏子孙，便和胞兄陈友敬先后从涌口转居沙井龙津孔进坊，也就是今天的沙井大村，开枝散叶，成为沙井开基之祖。大概就是从这时开始，沙井陈氏由农民变成了盐民，煮海为盐，以海为生。迨至清代归德盐业萎缩，盐民本就靠海吃海，无盐可晒，周边又蚝业勃兴，终转为以蚝为生。

陈氏子孙经元、明、清三代，枝繁叶茂，代出名贤，成为新安县一大望族，为古代深港地区的开发做出了贡献，最终成为沙井蚝民的主要构成，掀开了沙井蚝业辉煌的一页。

数百年后，陈氏后裔陈应韶在《重修族谱序》夸赞其祖先："审天识地理，去涌口，就龙津，接合澜之巨派，拥龙穴奇峰，山川钟毓，人杰地灵，故累叶迎传，不乏联翩秀士。"文辞多有褒溢，事实庶几如此，道尽陈氏家族入涌口、迁龙津的迁徙历程和合澜海、龙穴洲煮盐养蚝的过往营生。

蚝壳屋和江氏祠堂

　　北来移民初临沙井地带，大多入乡随俗选择筑蚝壳屋为居，这是由当地环境状况决定的。

　　东莞新安一带，自古为浅海地带，石头少而贝类多，人们建屋唯有就地取材，以蚝壳垒墙。成千上万个蚝壳混合蚝壳灰砌成的蚝壳屋，倒也别致而震撼，能让人从中体味到古代村民的智慧。据说，因为蚝壳有天然气孔，所以蚝壳屋不怕积水和蛀虫，且冬暖夏凉，村民们住在这样的房屋里，过着日出而作日落而息的渔耕生活。

　　蚝壳屋以蚝壳作主体材料，黏结物是以含有蚝壳灰、石灰、糯米饭、糖等的混合物舂捣而成，既硬且韧，可经百年风雨。这是因为蚝蛎的外壳能承受极大的压力，质轻又经久耐用，因而成为上佳的建筑材料。据测试，每1.2平方毫米蚝壳，能承受100千克的压力。打开禁闭贝壳，需上万克的拉力。

　　我国古代四大桥梁之一、宋代著名的泉州洛阳桥，有46座桥墩。建造时，为使桥墩坚固，不被海潮冲走，巧妙地采用古人所称的"砺房"的方法，先在堤坝上养殖几年牡蛎，而后用胶汁凝结石块建起桥墩。这种用生物加固桥梁的方法，古今中外，绝无仅有。2010年国庆期间，我到泉州时还专门前往一睹此桥真容，其桥墩依然稳固如昨。

　　刘恂《岭表录异》里记载卢亭一族逃亡海岛野居，"惟食蚝蛎，垒壳为墙壁"，据此推断，以蚝壳筑墙的做法最迟在东晋末年至南北朝期

　　洛阳桥，又名万安桥，横跨福建泉州东北洛阳江的入海口，是古代粤、闽北上京城的陆路交通孔道。全部用巨大石块砌成，是我国古代四大名桥之一，举世闻名的梁式海港巨型石桥。宋皇祐五年（1053年）由泉州郡守蔡襄主持兴建，嘉祐四年（1059年）建成。原长1200米，阔5米许，桥墩46座。现存桥长834米，宽7米，桥墩31座。此桥不仅首创"筏型基础"来建造桥墩，并发明了"殖蛎固基"，即建造时，为使桥墩坚固，不被海潮冲走，巧妙地采用古人所称的"砺房"的方法，先在堤坝上养殖几年牡蛎，而后用胶汁凝结石块建起桥墩。这种用生物加固桥梁的方法，古今中外，绝无仅有。现为国家重点文物保护单位（阮飞宇 摄）

沙井蚝 前世今生

间就出现了。到了明代，到过岭南的学者官员的笔记里，也常见到蚝壳为墙的文字。如安徽休宁人叶权在《游岭南记》中写道："广人以蚬壳砌墙，高者丈二三，目巧不用绳，其头外向，鳞鳞可爱，但不隔火。"由"其头外向"的细节描述看，他所说的"蚬壳"似是"蚝壳"之误，以蚬壳之小，要做到一致外向难度太大，也没必要。纵然不是笔误，蚬也是贝类，同样说明广东人有就地取材以贝壳类材质筑房的传统。

还有江苏昆山王临亨于万历二十九年（1601年）奉命到广东查案，亲眼见到"广城多砌蚝壳为墙垣"，认为"园亭间用之亦颇雅"。

明末清初屈大钧在《广东新语》中记载："以其（蚝）壳累墙，高至五六丈不仆，壳中一片莹滑而圆。是曰蚝光，以砌照壁。望之若鱼鳞然，雨洗益白……居人墙屋率以蚝壳为之，一望皓然。"以蚝壳来砌建照壁墙，平时观看它像鱼鳞状发光，雨水淋洒后则变成白色，神奇又美丽。这段文字所载意味着，明代珠江三角洲沿海地区大量使用蚝壳砌墙。即使在今天，珠江三角洲多地还能发现此类建筑的存在。

今日宝安沙井仍有保护得很好的古代蚝墙蚝屋，以步涌、沙井大村、后亭村为多，其中又以步涌村的江氏大宗祠最为出名。宗祠后的旧村亦有上十座古蚝屋。

作为"沙井新八景"之一的江氏大宗祠蚝壳屋景区，面积约4万平方米，主要景点包括江氏大宗祠蚝壳屋、清代蚝屋群、仙池亭台和晋孝子黄舒墓等。其中江氏大宗祠始建于明末清初，2003年作系统修缮，前栋按原貌修复，祠堂建筑面积约500平方米，为三进三间两天井。砖木石混合结构，广府建筑，清水内墙，雕梁画栋，立柱用红砂岩石材。历经风雨，坚牢如故。

一进大门，可见"江氏大宗祠"牌匾，两侧对联："济阳立郡，岭表名宗"。此联可是有来历的。据《步涌江氏族谱》记载，江氏的祖籍是济阳考城，也就是今天河南的兰考，在五代南唐时迁到福建建瓯。南宋景炎三年（1278年），江涵翁到惠州做郡宰，后定居在府城。大约到了明代建文二年（1400年），江纳流做醝使司（醝：音"蹉"，古代盐官）来到此地，退休后定居在沙井的归德盐场，成为步涌立村的祖宗。由于做了数年的盐官，江纳流有一定的积蓄，买进七顷多的田塘，建起数十间房屋，还照老规矩建起了祠堂。

　　沙井街道步涌社区步涌老村内的江氏大宗祠，建于明朝年间，2003年作较系统完整的重修。建筑面积约500平方米，为三开间三进深两天井四廊庑布局，典型岭南广府建筑风格，砖木结构，清水磨砖，镬耳山墙，灰塑壁画。抬梁式结构梁架，上绘精美的雕刻统纹饰，梁下圆柱用红砂岩制作。中堂与后堂之间的庭院两侧，各有面阔三间的卷棚顶敞廊。最为人称道的是，宗祠左右、后面的外墙用蚝壳砌筑而成。2000年被当时的沙井镇列为镇级文物保护单位（阮飞宇 摄）

　　祠堂进间天井低于地面，以集屋面雨水，便于集中排走。另一方面，水为财，不宜外流，如此设计亦符合客家人建筑风格。两边廊庑墙面有壁画，画面生动。

　　进入第二进，见一照壁，其梁上雕刻精美。

　　第三进为祖宗牌位，供祭祀之用。

　　江氏大宗祠最大的特点是主体外墙，厚约五六十厘米，自墙基至墙顶，全为蚝壳砌造。裸露的蚝壳整齐划一，如鱼鳞般镶嵌成墙体，发出耀眼的银光，显得"蚝"气十足，给人以神奇华美的感觉。

这蚝墙的建成，大有渊源。

步涌村的江姓族人所住位置居于涌口，古时候此地在合澜海边，是茅洲河通往大海的咽喉，因有一条作为避风码头的水涌而得名。明代初年，归德盐场曾在此地设大步涌社，为归德盐场十三社之一，居民都是以盐业为生的灶丁。大概从清康熙年间开始，盐田逐渐荒废，转以种田为主，养蚝为辅。

明末清初，江氏族人筹划兴建一座大宗祠，在选择墙体材料时，族内长辈们都一致认为，江氏祖辈们几代人与蚝结下不解之缘，宗祠建筑用蚝壳垒墙。一是为纪念蚝对江氏宗族生存发展的重大作用；二是蚝壳垒墙一直是蚝民的建筑传统，有承传祖业之意；三是当今养蚝业兴盛，有大量可用的蚝壳。

江氏族人听从长辈们的提议，建祠时，墙体尽用蚝壳垒筑，很快落成开光。

直至今天，江氏大宗祠已历三百多年，仍固若金汤，坚不可摧，即使屋顶瓦面已修缮多次，但蚝壳垒就的墙体仍岿然不动。

江氏大宗祠的蚝墙并非沙井建筑的特例。当地自宋代以来，就有渔民村民以蚝壳为建筑材料，垒蚝墙，建蚝屋，并用蚝壳炼灰作浆涂墙，成为习惯。宋元时期，垒的多为小蚝屋、小蚝墙。明清以后，由于建筑工艺的进步和经验的增长，南方广府风格的大宅院也照样可以用蚝壳作料建成，且煞是好看，经久耐用，一般住上一二百年仍很坚实，不会崩塌。以蚝壳造房，也是因为古时候生产力低下，蚝民多数也较贫穷，没有富人大户那样的财力建青砖瓦房，而现成废弃的蚝壳成本低，用料方便，便成了蚝民渔民们建房的首选材料。当时，少者一村有二三十座蚝屋蚝墙，多者有五六十座。康熙初年发生的迁界禁海事件，使沿海地区村落破败，家园荒芜，这是当地曾经大量存在的蚝屋消失的主要原因。

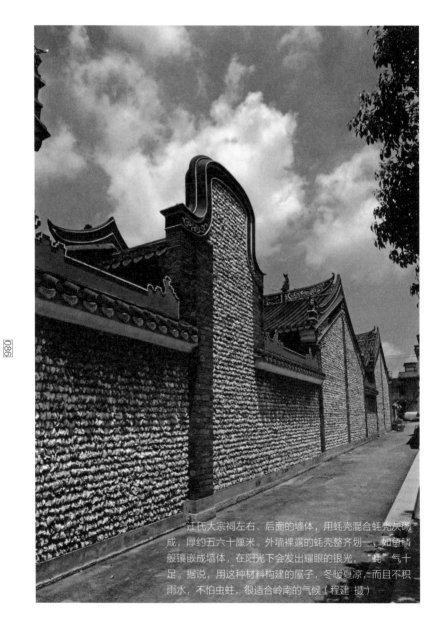

江氏大宗祠左右、后面的墙体，用蚝壳混合蚝壳灰砌成，厚约五六十厘米。外墙裸露的蚝壳整齐划一，如鱼鳞般镶嵌成墙体，在阳光下会发出耀眼的银光，"蚝"气十足。据说，用这种材料构建的屋子，冬暖夏凉，而且不积雨水，不怕虫蛀，很适合岭南的气候（程建 摄）

复界后，随着经济的复苏，当地房屋建造风格发生变化，砖房逐渐成为主流，清末以后，基本代替了蚝房。

明清时期，在沙井流传着这样一首民谣："沙井三枝花，蚝肉进富家，蚝壳留自家（意即用以建房或养蚝），蚝汤送病家。"这生动贴切地描述了蚝民的艰辛生活和蚝壳建屋的风俗。

蚝壳墙（龚碧艳 摄）

明朝时期，珠江口**海水退位**，靖康蚝式微，**归靖蚝取代靖康蚝**；明末，沙井蚝民发明**瓦缸养蚝**，**产量翻番**，沙井史上**第一次蚝业**生产大发展；**明末清初**，归靖蚝被更为**纯粹的归德蚝**代替。

第四章
归德上位

归德蚝名盖归靖蚝

　　本书前面提到，珠江口海湾一带的海岛，几千年以前就自然生长着近江牡蛎，人称"天蚝"或"野蚝"。卢亭的到来，使野生蚝逐渐进入当地人的食谱。

　　北宋时期，珠江口流域水土流失少，珠江流量稳定，海水可上冲至东莞麻涌、虎门一带，使该区域成为咸淡水交汇区，很适宜蚝蛎生长。从这时期起，开始出现人工养殖蚝蛎，古籍记载为"插竹养蚝"。由于麻涌的靖康盐场一带海域最适宜养蚝，成为珠江口海湾主要和最大的养蚝区，这一区域及周边所产之蚝均被称为"靖康蚝"。

沙井蚝 前世今生

合澜海的东部海湾（程建　供图）

今日沙井一带在当时也同样养蚝产蚝，只因养殖区域和产量不及麻涌区域，所出产的生蚝只能统称靖康蚝。这种情形，跟如今大闸蟹的命名现象大抵相仿。

"薄宦游海乡，雅闻靖康蚝"是梅尧臣的名句。不过，我们今天查阅《食蚝》诗，细心的读者会发现有的版本写的是"雅闻归靖蚝"。"归靖"，是归德和靖康的简称，归德即现沙井；靖康，即今日东莞麻涌。依古籍成书的时间先后考据，原诗应该是"雅闻靖康蚝"，因为，在此诗写就的年代，今日沙井一带出产的蚝，品质还无法与靖康蚝媲美，"归靖蚝"这一兼顾两地的名称应该还没获得广泛认同。

诗句中的蚝名之所以会有这样的字面调整，原因倒也不难揣测。

要说清此问题，先要理清沙井（归德）与今日东莞、宝安的隶属沿革。明清以前，沙井地域先后隶属于宝安县（晋咸和六年至唐至德二年）、东莞县（唐至德二年至明万历六年）、新安县（明万历六年至清康熙五年）、东莞县（清康熙六年至清康熙八年）、新安县（清康熙八年至清末）。由此沿革看出，今日沙井，史上归德，隶属关系是反复在东莞、宝安（新安）之间变更的，在明清时代已经声名鹊起的沙井蚝，在两地眼里都成了香饽饽，事关地方利益，自然给地方修志工作带来一定难度和混乱。

《食蚝》诗虽然署名为梅尧臣，然并未收录在梅尧臣的作品集里。我们今天看到的最早版本的《食蚝》诗，是清康熙年间，东莞县衙在编写《东莞县志》时（其时，今日宝安地域划属东莞）录入其内的。至于此诗之前来源何处，已无从查证。

到了嘉庆年间，其时新安（宝安）已从东莞划出另立为县，新安县衙在编写《新安县志》时，同样将梅尧臣的《食蚝》诗录入其中。而此时的"靖康"，从属地管辖上讲，已经不再涵盖新安地域了。地方史志编撰人员出于地方利益考量，在引用梅诗时，为使蚝的特定称谓能将修史所在地涵括其中（历史上确实也是涵括其中的），方便不了解地域沿革历史的读者准确理解这一称谓所传达的信息，于是在文字上作了无伤大雅的细微改动，将"靖康"的地名表述扩展为"归靖"，这就是"雅闻归靖蚝"的由来，我们姑且称之为"嘉庆版"或"新安版"。这种现象并不鲜见。今人探究"靖康蚝"到"归靖蚝"的字面差异，倒是能从中窥视历史的变迁。

《嘉庆新安县志》中的新安西部海域图（资料图片）

现实中，归靖蚝的称谓被广为接受，最早也得在明代以后才有可能。这得从珠江口出产的近江蚝蛎的出产发展史说起。

原来，东莞的麻涌、虎门灵洲大岗山、上下沙村和宝安的沙井、福永、黄田等，都位于珠江口海湾沿岸一带，海湾如新月形，两头伸出如弯弓交椅状，由上游至下游依次为东莞的麻涌、灵洲、大岗山、上下沙和宝安的沙井、福永、黄田。

宋元期间，海湾上至麻涌下至沙井均养蚝，但以麻涌靖康蚝最为出名。原因在于当时麻涌正位于珠江淡水出海口处，硅藻类浮游微生物特别多，当时海水尚可上冲至此地，形成咸淡水集中交汇处，养出的蚝特别肥大鲜美，产量又高，故此出名。其他海区养出的蚝，虽然品质不如靖康本地所产，但终究也是同一片海域出产的近江蚝，概以出名的靖康蚝称之，这种搭顺风车的命名方式也是国人的传统。按照今人的说法，

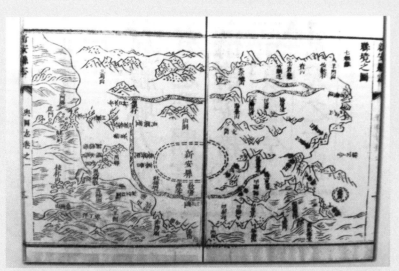

康熙时期东莞、宝安一带地图（资料图片）

非得较真的话，只能说当时麻涌出产的靖康蚝最为正宗。

明代之后，珠江流域水土流失渐渐开始严重，水流量增大，下游海水上冲乏力，咸淡水交汇区下移，靖康蚝日渐式微。而沙井一带则逐渐成为最适宜蚝蛎生长的咸淡水交汇区，蚝蛎肥大鲜美，质量远胜于灵洲、沙村一带，故此渐渐开始出名。

由于养蚝主要生产区地域变动了，从此，这一带的蚝名也由"靖康蚝"改变为兼顾两地的"归靖蚝"。也就是说，到了嘉庆年间新安人修县志的时候，"归靖蚝"的称谓是符合当时蚝业养殖的实情的，所以才会有这样的改动。

到了明末清初，麻涌一带受珠江和太平河淤泥冲积，渐成泥滩陆地，已经无法养蚝，归靖蚝的称谓，逐步被归德蚝代替。

靖康蚝陨落，属地名称为其他地域取代自是必然，可为什么取代它

新安八景之一"龙穴楼台"，出自嘉庆《新安县志》（资料图片）

的是"归德"而不是其他呢？

按说，此时东莞上下沙村至福永、黄田乃至后海一带皆有产蚝，不独归德一家，比如，地方历史上也曾有福永蚝的称谓。对此，程建学长解释道，归德蚝能脱颖而出，独享尊称，皆因当时的归德盐场合澜海一带，养蚝有地利之势，三水汇聚之优。

合澜海的东部海湾，从东莞的虎门、长安到深圳的沙井，海岸线呈弓形的椅子，茅洲河和碧头河就是椅子的两条腿，当地的蚝民叫它交椅湾。

珠江淡水于虎门灵洲出口后，其流向回旋于合澜海一带，在这里形成面积巨大的洄水水域。该水域由沙井方向又汇入三条主要河流：一是宝安与东莞交界的茅洲河，根据康熙《新安县志》记载，发源于"大头岗、凤凰岩诸处"；二是发源于"阳台、大平障、章阁、莲花径诸处，合流经燕村、涌头、周山"的碧头河；三是新桥河，据嘉庆《新安县志》记载，此河"由凤凰山逶迤而下，环绕村前，势如长带，直注永兴桥。会茅洲、碧头河，直出合澜"。三方流水在沙井海面汇集积聚，形成大量的硅藻类浮游微生物群，蚝蛎有充足食物，自然肥大鲜美，使这里成为世界得天独厚最优良的牡蛎养殖场。

自幼在蛇口后海长大，家中多位亲人从事蚝业的陈健女士还补充了一种说法。陈女士对地质地理学有较高造诣。据她介绍，深圳的地方名产，无非山上的荔枝、山下的蚝蛎。沙井蚝、南山荔枝之所以美味，源于一个深圳地形图隐含的故事：距今1.45亿年至1亿年前的白垩纪，大南山一带地表深层的花岗岩，冲出了距今6.2亿年至5.4亿年震旦纪的沉积岩，成因是一颗裂为三块的陨石，撞击在此一带（地形图上依稀可见三个环形状的断裂山脉），撞击带来深圳稳定的地质构造，已融化的微量元素成分，分布在大南山近百平方千米的丘陵地带，使该地域的物产别样于他处。沙井蚝在流经此地的水质里繁殖，依附岩石，吸纳河水带来的饱含微量元素的浮游生物而长成，品质特异，不足为奇。

反观福永、黄田一带，虽同在此区域，亦属咸淡水交汇区，但福永、黄田一带海岸较平直，不论是珠江上游下冲淡水还是海水涨潮经过海滩，停留回旋时间较少，流动性较大，不利于浮游微生物和硅藻积聚。而且，福永、黄田境内没有特别大的河口，只有几条小涌流入该海区，所带来的浮游微生物也不多，蚝蛎食物不足，自然相对形小体瘦，其名不如归德蚝，市场销售价更远不及。故此，此时珠江口海湾一带所产之蚝，均统称归德蚝，也是历史的选择。

蚝业大发展

历史行进到了万历年间。广东坐拥沿海便利，商贸有了长足发展，尤以航海外贸风生水起。而传统上我国外贸的主要商品，陶瓷自然是少不了的，据史料记载，仅荷兰东印度公司就在17世纪的80年间从中国运出1600万件。探究当年的史料和今日考古成果，可以推断出当时的贸易状况完全担得起繁荣二字。

公元1602年，荷兰东印度公司在海上捕获一艘葡萄牙商船——"克拉克号"（也有学者认为，"克拉克"不是商船的名称，而是同类船只的型号），船上装有大批青花盘、碗、瓶等瓷器。荷兰人将这批青花瓷运回欧洲拍卖时，因不清楚它们的准确产地，便称其为"克拉克"瓷。

当时正是明朝万历年间（1573年～1620年）。那时，随着新航路开辟，欧洲殖民主义者相继东来从事武装贩运的商贸活动。最先是葡萄牙人和西班牙人在中国闽、粤沿海从事贩运瓷器、茶叶等物的活动。万历后期，荷兰、英国人取代了他们，将这种贸易推向了高潮。荷兰人取代葡萄牙人后，用一种称为"加橹"的大型货船，替代葡萄牙人的大帆船装载中国的外销货物。因此，历史上的"克拉克"瓷又被称为"加橹"瓷。

近年来，在菲律宾和非洲西部海域的16至17世纪沉船中，以及埃及古遗址和日本、欧洲等地区均发现大量的"克拉克"青花开光瓷盘，南亚地区也有大量的遗存和收藏。然而，作为生产地的中国却十分罕见，

郑和七下西洋路线
(1405～1433年)

郑和（1371年～1433年）七下西洋的历史，广为人知。但郑和原姓马，就不是世人皆知了。马和小名三宝，又作三保，云南昆阳（今晋宁昆阳街道）宝山乡知代村人。洪武十三年（1381年）冬，明朝军队进攻云南，年仅10岁的马和被明军副统帅蓝玉掠至南京，阉割成太监之后，进入朱棣的燕王府。在靖难之变中，马和为朱棣立下战功。永乐二年（1404年），明成祖朱棣在南京御书赐马和"郑"姓，以纪念战功。郑和有智略，知兵习战，深得明成祖信赖。1405年到1433年，郑和七下西洋，完成了人类历史上伟大的壮举。宣德六年（1431年），钦封郑和为三宝太监。宣德八年（1433年）四月，郑和在印度西海岸古里去世，赐葬南京牛首山（资料图片 李欣 绘）

甚至在相当长的时间内，中国的陶瓷学界竟然不知道有"克拉克"瓷一说。人们根据其工艺、风格、纹饰特点，加上明清之际中国外销瓷的主要品种是景德镇青花瓷，曾经推测它是明清景德镇或武昌所产。

直至20世纪90年代，考古界在对福建漳州平和县南胜、五寨明清古窑址的调查与发掘过程中发现，这些窑口烧制的瓷器以青花瓷为主，其装饰题材，从纹样到工艺都与"克拉克"瓷一致。再进一步考证，其渊源渐渐明晰。

原来，平和正式建县，始于明正德十三年（1518年）。那时，王阳明刚平定了当地农民起义，留下了部分江西籍士兵作为驻军，其中不乏制瓷的能工巧匠。而自明正德十四年（1519年）至崇祯六年（1633年），先后主政平和的江西籍官员竟有13位之多。这期间，明代虽然实行海禁，但是到隆庆元年（1567年），全国只开放漳州月港对外通商。瓷器是对外出口的大宗商品，恰恰又为这些到任的知县所熟悉，他们纷纷赋予优惠的税收政策，对瓷业大加扶持。于是，就像宋元时期泉州港的繁荣带动德化窑、建窑的兴盛一样，月港的繁荣也带来漳州窑的兴盛。从平和采集到的瓷器标本看，虽然胎釉有差异，但其模印、装饰图案、构图、刻画技法，几乎与景德镇瓷如出一辙，这也是它们之间容易混淆的原因。

景德镇瓷也罢，漳州（平和）瓷也罢，它们名扬海外，共同印证了当时我国远洋贸易的兴盛。

航海贸易如此繁荣，参与其中的当然并非仅限于欧洲人。

早在明朝永乐三年（1405年）至宣德八年（1433年）的28年间，郑和7次奉旨率领中国大明皇朝的200多艘船远航西洋，航线从西太平洋穿越印度洋，直达西亚和非洲东岸，途经30多个国家和地区，在世界航海史上，开辟了贯通太平洋西部与印度洋等大洋的直达航线。

据英国著名历史学家、哈佛大学的李约瑟博士估计，1420年，中国明朝拥有的全部船舶，应不少于3800艘，超过当时欧洲船只的总和。今天的西方学者专家们也承认，对于当时的世界各国来说，郑和所率领的舰队，从规模到实力，都是无可比拟的。而到了200年后的万历年，大明王朝的商船自是有增无减。

2007年，广东省南澳县三点金海域，渔民进行潜水捕捞作业时，发现了沉睡海底几百年的明代商船"南澳1号"。经打捞，共出水文物30000余件，再次把万历时代的海贸传奇带到世人面前。

据广东省博物馆研究人员刘冬娴介绍，目前在南海海域已经发现的明代沉船就已达到60余艘，尚未完全打捞，而传说中在南海海域沉没的古船可达成千上万条。这数量众多的沉船，也从另一侧面印证了当时远洋商贸的繁荣。

在这成千上万沉船当中，有一艘船与今日沙井蚝得以名扬天下有莫大关系。

话说万历年间，广州一家经营陶器的和合顺商行，有一艘满载陶瓷缸瓦的商船从广州起航展开远洋之旅。初始顺顺当当，眼见就要驶出珠江口，途经今日沙井、当年的归德盐场对开的合澜海海域时，一场风暴突如其来，商船躲避不能，不幸翻沉。

两三年后，归德村民前往这一海域从事渔业捞捕时，意外发现这里出产的蚝数量特别多，个头特别肥大。村民们进一步探究，原来这些蚝蛎均是附着在沉海的缸瓦，密密麻麻地生长的。富有养殖经验的蚝民猛然意识到，瓷片瓦片，是蚝蛎最佳的生长附着物。

蚝这种雌雄同体、雌雄异体皆有的生物，成熟后，排出的蚝卵需附着在一定的硬物上，才能在海水适当的盐度和温度下生长起来。如果没有附着一定的硬物，蚝卵就会沉进淤泥，自然死亡，或随洋流飘散，成为鱼类的食物。

人们并不是一开始就认识到这一点的。前面已经提过，在此之前，当地人采用的是插竹养蚝方式，用竹竿绑石块展开蚝蛎养殖。在和合顺沉船周围的意外发现，让蚝民们深受启发，寻找到陶片殖蚝、沉田养蚝的新养殖方式，使养蚝产量比起"插竹养蚝"翻了几番，从此掀开了归德蚝、也就是今日沙井蚝发展的新篇章。

这种发展，源于两方面原因。

一方面，瓦缸养蚝替代插竹养蚝，使养殖面积得到大幅度提高。毕竟，对于沿海地区来说，一来多土岭，少石山，二来采石工具匮乏，炸药更不易得，所以，瓷片缸瓦的烧制比石头的获取要容易得多。1997年5月，香港考古人员在元朗厦村陈家园发现沙丘遗址，出土了大量夹砂陶、泥质陶，还发现三座窑址，经检测，其年代相当于中原地区的夏商时期。这表明，三四千年前的莞邑沿海居民就已掌握了制陶技艺，到了明朝，显然在技术和规模上都足以支撑瓷片缸瓦的大量生产。采用瓦缸养蚝，不仅扩大了附着器的投放规模，瓷片的附着面也远非石头可比，蚝业产量比过去"插竹养蚝"的方法翻了几番，蚝田开发面积随之成倍扩大。

另一方面，随着养蚝业的勃兴，很多渔民看到养蚝大有可为，也自动转行，当起了蚝民，从业人员的增多，自然也推进了这一行业的发展。

就这样，当地的养蚝范围由沙井海域扩大至下游福永附近的白鹤滩海域，由此出现了沙井历史上第一次蚝业生产大发展时期。由沙井涌口移居龙津孔进坊的陈友亮、陈友敬兄弟，应该也就在此时加入了养蚝的行列。

明末清初诗坛"岭南三大家"之一、有"广东徐霞客"美称的屈大均对当时沙井蚝的养殖做过深入考察，其《广东新语》里关于蚝的记载，成为我们今日研究沙井蚝珍贵的历史资料。

屈大均与沙井蚝的渊源

屈大均（1630年～1696年），明末清初著名学者、诗人。1646年清军攻陷广州后，参与反清运动，但屡次失败，郁郁而终，葬故乡番禺新造镇思贤村。雍正七年（1730年），因张熙反清案，引发朝廷查禁所有反清文字。广东巡抚傅泰追查屈大均著作，发现其中"多有悖逆之词"，于是上报朝廷。刑部受理后，拟掘墓戮尸枭首，后雍正念及屈大均的儿子屈明洪的表现，免除其父戮尸之刑。终大清一朝，屈氏后人都不敢为屈大均立碑树表。屈大均生前在南京雨花台倒是筑了一个衣冠冢。乾隆即位后，加强对江南尤其是明故都南京的政治控制和文化钳制，听说有屈大均衣冠冢，就下令严查、刨毁。总督高晋领命之后，把雨花台附近地面翻了个底朝天，也没找到。其时距筑冢已一百多年，衣冠冢可能早已湮灭。1929年冬，民国时任番禺县县长陈樾应当地乡民要求，为屈大均修建墓碑。1985年，番禺县政府拨款，再次对屈大均墓进行修缮（资料图片）

三者形状相似而廣州人惟食蠔不食蠔蜡蝼

淮潮州人食之故名曰水潮蠔蠔有一種生海泥

中长二三寸大如指胸两頭各有两岐以其狀怪奴

曰蜡气味甘温能去胸中煩悶然後不可食金

惟白蠔蜆稱珍品子蒙正以蜡蜉出雌雄總有官

下白菇難腥因淡水易熟為多盛

蠔蠣水所結其生附石磈礧相連如房故一名蠣

房房相生蔓延至數十百丈潮長則房開所以取食潮

閣所以自固也鑿之一房一肉

康熙年间刊印的《广东新语》，是屈大
均存世的代表作，其中关于蚝的记录，是目
前能找到的最为详尽、最有价值的历史文献
（程建 供图）

屈大均（1630年～1696年），初名邵龙，又名邵隆，号非池，字骚
余，又字翁山、介子，号菜圃，汉族，广东番禺人。明末清初著名学
者、诗人，与陈恭尹、梁佩兰并称"岭南三大家"，有"广东徐霞客"
的美称。

屈大均诗有李白、屈原的遗风，著作多毁于雍正、乾隆两朝，后人
辑有《翁山诗外》《翁山文外》《翁山易外》《广东新语》及《四朝成
仁录》，合称"屈沱五书"。其中代表作之一《广东新语》记述广东的
天文、地理、矿藏、草木、动物、文化、民族、习俗等方面的资料，集
各史志之所长，记述翔实，内容丰富，成为传世之作，被认为是一部史

料价值和学术价值甚高的广东地情书，历来评价极高，当代学者誉之为"广东大百科"。

关于蚝，屈大均在《广东新语》中是这样记载的：

"蚝，咸水所结，其生附石，魂礧相连如房，故一名蛎房。房房相生，蔓延至数十百丈，潮长则房开，消则房阖，开所以取食，阖所以自固也。凿之，一房一肉，肉之大小随其房，色白而含绿粉，生食曰蚝白，腌之曰蛎黄，味皆美。以其壳累墙，高至五六丈不仆。壳中有一片莹滑而圆，是曰蚝光，以砌照壁，望之若鱼鳞然，雨洗益白。小者真珠蚝，中尝有珠。大者亦曰牡蛎，蛎无牡牝，以其大，故名曰牡也。东莞、新安有蚝田，与龙穴洲相近，以石烧红散投之，蚝生其上，取石得蚝，仍烧红石投海中，岁凡两投两取。蚝本寒物，得火气其味益甘，谓之种蚝。又以生于水者为天蚝，生于火者为人蚝。人蚝成田，各有疆界，尺寸不逾，逾则争。蚝本无田，田在海水中，以生蚝之所谓之田，犹以生白蚬之所谓之塘，塘亦在海水中，无实土也。故曰南海有浮沉之田。浮田者，薚簾是也。沉田者，种蚝种白蚬之所也。"

根据屈大均的记载，人工养蚝称为"种蚝"。明代中晚期以后，归靖一带的养蚝业已有相当的规模。养蚝的区域已南移到东莞、新安交界一带，与龙穴洲相近的沙井海面，当时有了大片的蚝田。

当时的人将养蚝的海域叫田，将养白蚬的海域叫塘。沙井蚝民将养蚝的场所称作蚝田。说是蚝田，其实是并没有实土的田。这种田多在近岸海底，处于最低的海水线以下，只是偶尔在退潮时露出水面，故称为沉田。不管是种蚝的田还是种白蚬的塘，都属于沉田。蚝田没有陆上种水稻那般的田埂清晰的界限，但在蚝民心里，这蚝田都有固定的海区和位置，有明确的疆界，尺寸不逾，相互之间不能侵占别人一尺一寸，如果擅自越界就会引起纷争。蚝民们以夯山口为基准，或插竹为称，三点

捡蚝（何煌友 摄）

一线成坐标，就清楚地知道自己蚝田所在的方位和范围。程建学长给我演示了具体做法，就是在自己要记的水底礁石或蚝田一幅或一条，以最近或最远或某一点为中心，对准陆地上的某一目标，例如山石、山尖、山坑、楼房、大树等固定物。测定时要横找一个目标，纵找一个目标，两个目标之间以90度角为准。选择目标时，要选双影的目标，而且前后两影要有一定的距离，距离越远越准确。这种定位自家沉田的技能，沙井人称为"打山口"。

作为有"广东徐霞客"之誉的屈大均，一生喜欢游历，经常深入社会各阶层，了解民生，其作品很多都反映了他对社会的观察。在他的笔下，龙穴洲一带的蚝民是这样养蚝的：每到种蚝的季节，蚝民将石块烧

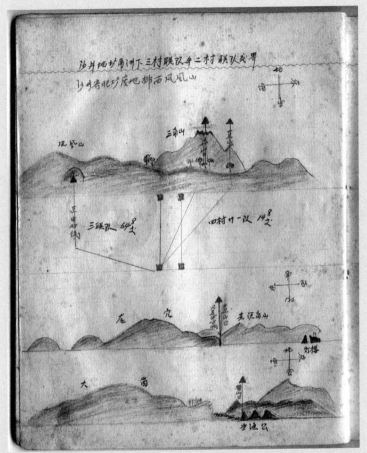

蛎田为沉在海水里的田，如何准确地找到自家的蛎田，是每一个蛎民的基本功。沙井人将这一技能称为"打山口"，这是祖宗传下来的测定蛎田和行船航向方位的方法。具体做法是将自己要记的水底礁石或蛎田，以最近或最远的某一点为中心，对准陆地上的某一目标，例如山石、山尖、山坑、楼房、大树等固定物。测定时横找一个目标，直找一个目标，两个目标之间以90度角为准。选择目标时，要选双影的目标，而且前后两影要有一定的距离，距离越远越准确。图为沙井蛎民画的打山口示例图，在沙井蛎文化博物馆里展示（程建 供图）

红，分散投到海中，蚝苗就会附在上面生长。过了一段时期，把石头收集回来，便可取得石块上的幼蚝，做进一步的养殖。然后，再把石头烧红后投海中，重复着之前的流程。

这样的一投一取，每年可进行两次。即一年两次种蚝两次采蚝，形成养蚝规律。为什么要把石头烧红了才投到海里呢？这其实是我国五行物质观和中医理论在养殖中的应用。在蚝民看来，蚝本是寒物，只有得到火气温补，它的味道才会更加甘美。烧石投海的举动，谓之种蚝。依据蚝出生的属性，当地人将天然生于水者称为天蚝，生于烧过的石块者称为人蚝。原先使用的养蚝附着器是石块。后来人们受和合顺沉船的启发，便将附着器改为缸瓦。

种蚝到了一定的时间，就开始收蚝，将长成的蚝从石块上取下来，这就是所谓的打蚝。

打蚝的事，基本上交由妇女完成。沙井这一带的妇女都会打蚝，即采蚝和开蚝的意思。冬天是蚝最为肥美的时节，自然也是打蚝的好时机。

退潮是打蚝的最好时段。妇女们使用一种木制的滑板前往龙穴洲一带打蚝。根据屈大均的描述，这种滑板呈"上"字形状，滑板宽尺许，板上的直木高数尺，用以作扶手，直木上挂一竹编小筐，妇女一足踏横木，一足踏泥，双手扶住直木，稍推即动，行进在松软的泥滩上，轻松而快疾。在屈大均看来，这是古代泥行蹯橇的遗风。

到了蚝田，妇女们将蚝凿开取出蚝肉，放到竹筐中。等到涨潮就要返回。

打蚝的劳作比较枯燥乏味，妇女们喜欢一边打蚝一边唱些《打蚝歌》来助兴，这种自娱自乐的举动似乎是劳动人民惯有的习好。

作为热衷采风的大诗人，屈大均自然对这些打蚝歌倍感兴趣，便千方百计混迹到妇女中，试图收集歌词。起先，妇女们以为此人不怀好意，把他当成流氓看待，教训了一番。后不打不相识，妇女们终于接纳了诗人，屈大均遂得以收集了数量众多的打蚝歌。这些打蚝歌没能流传下来，但屈大均仿效作了两首，收进了《广东新语》，得以流传至今：

　　一岁蚝田两种蚝，蚝田片片在波涛。
　　蚝生每每因阳火，相叠成山十丈高。

　　冬月真珠蚝更多，渔姑争唱打蚝歌。
　　纷纷龙穴洲边去，半湿云鬟在白波。

　　沙井蚝文化博物馆里展示的打蚝生产工具——跳板。蚝民长年在近海滩涂劳作，一旦潮水消退，在泥泞行走十分不便，为提高行进速度，蚝民使用一种木制的滑板前往滩涂打蚝。屈大均在《广东新语》里对这种工具有详细描述："打蚝之具，以木制成如上字，上挂一筐，妇女以一足踏横木，一足踏泥，手扶直木，稍推即动，行沙坦上，其势轻疾。既至蚝田，取蚝凿开，得肉置筐中，潮长乃返。横木长仅尺许，直木高数尺，亦古泥行蹈橇之遗也。"（阮飞宇 摄）

清朝时期，沙井蚝民发明**三区养蚝法**，分为采**苗区、成长区**和育肥区，**成蚝肉肥体大**；乾隆五十七年，**归德盐场撤销**，盐民转蚝民，**盐田转蚝田**，凭借生产的产业化、销售的商业化、**交流的外向化**、投入的**专一化**，沙井蚝迎来史上**第二次大发展**；光绪三十四年，**清府设沙井乡**，归德蚝之名**被沙井蚝取代**并固定下来；**养蚝、制蚝、品蚝**等文化逐渐成形。

第五章

三区养蚝

"沙井蚝"定名

　　2017年三八节这天，当我觉得自己做足了阅读和资料搜集工作，在几度线上联系之后，我终于在线下约访程建学长了。

　　此时的程建，由于沙井街道办事处2016年12月底拆分，已调到新设立的新桥街道办事处工作。我驱车到达办事处，程建学长在外公务，还没回办公室，约我改往沙井黄埔酒店。导航上显示8分钟的车程，我却走了近半小时才到达，不是上下班高峰期的沙井，依然一路拥堵。这个街道在宝安是经济发展较好的，车水马龙，人潮熙攘，但与常见的暴发户式乡镇不一样，此地建筑市貌依然留存许多古朴的味道。

　　在黄埔酒店大堂，我见到步履匆匆而来的程建学长，一身马甲休闲装，看起来比实际年龄年轻许多，儒雅中透着几分精干。我们在酒店大堂的西餐厅坐了下来。许是传承了川人善摆龙门阵的基因吧，程建学长颇为健谈，很快就把话题引向重点。在他看来，沙井蚝真正做大，是在清朝，更准确一点，是在康熙之后。这可以从蚝名的演变看出端倪。

　　前面说到，明代以后，珠江流域水土流失开始严重，水流量增大，上冲的海水退缩至虎门以下东莞新安交界一带海湾中部海面，养蚝的主要区域和生产区就逐渐由麻涌下移至这一海区。"靖康蚝"的叫法也因此改变，从归德、靖康两地各取一字，并称"归靖蚝"。

　　清初以后，由于珠江流域砍伐和土地开发严重，水土流失进一步加大。麻涌一带受冲积影响，淤泥堆积，已无法养蚝，加上雨季珠江上游

沙井大街（也称街仔墟），兴建于清朝嘉庆年间，长约80米，宽2米多，经营各式商品的店铺有30多间。街北端有大王庙，庙前有平台，面铺石块，四周有石护栏，街角有天后庙。建国初期，沙井只有一条街道，长约300米，宽2至3米不等，弯曲狭窄，路面有铺水泥的，也有铺砖头乱石的。1958年建立沙井公社后，曾将大王庙以南的街仔圩扩宽到4米多（阮飞宇 摄）

水土流失严重，淡水流量增大，海水回冲只能上逆至珠江口海湾中部沙井附近海面一带，因而此后的主要蚝产区便逐步下移至沙井附近海面。沙井一带成为珠江口海湾的主要蚝产区，麻涌、虎门一带几乎已成为淡水，无法再养蚝。从此，"靖康蚝"作为地理物种标识退出了历史舞台，这一海域出产的蚝，名称也就顺理成章地由"归靖蚝"变化为"归德蚝"，沙井蚝从此正名。

清乾隆五十四年（1789年），由于珠江淡水流量下冲过大，海水逐渐淡化，位于今日沙井的归德盐场也严重萎缩，无法经营，官府当年撤销了归德场盐官，取消了归德盐场。

清光绪三十四年（1908年），新安设置沙井乡，此后，归德蚝就逐渐被沙井蚝的名称所代替，一直沿用至今。沙井一带的蚝场就这样历经历史的筛选，成为珠江口海湾最主要的蚝产区。

经本书一番详尽介绍，可以得知，古称的"靖康蚝"与现称的"沙井蚝"实际上是一脉相承的，是同一个海域出产的同一品种的蚝，只不过因中心产区或主要产区不停转移，与之对应的地域名也有所改变而已。但不论如何改变，其名称都是泛指珠江口海湾一带生产养殖的近江蚝。靖康蚝也罢，沙井蚝也罢，名称通意是一样的，其字面的变化，体现的只是历史的变迁而已。

至此，历经千年变幻，沙井蚝名称的演变脉络已经变得明晰了。我们可以通过以下表格予以梳理。

沙井蚝
前世今生

名　称	产　地	时　间	得　名　原　因
靖康蚝	东莞麻涌	北宋	珠江口流域水土保持良好，珠江流量稳定，海水可上冲至东莞麻涌、虎门一带而成为咸淡水交汇区。
归靖蚝	东莞长安	明代	珠江流域水土流失开始严重，水流量增大，上冲的海水退缩至虎门以下东莞新安交界一带海湾中部海面。
归德蚝	深圳沙井	清初	由于珠江流域砍伐和土地开发严重，水土流失较大，麻涌一带受冲积影响，淤泥堆积，已无法养蚝，加上雨季珠江上游水土流失严重，淡水流量增大，海水回冲只能上逆至珠江口海湾中部沙井附近海面一带。
沙井蚝	深圳沙井	清代	清乾隆五十四年（1789年），由于珠江淡水流量下冲过大，海水逐渐淡化，位在今日沙井的归德盐场也严重萎缩，无法经营，官府当年撤销了归德场盐官，取消了归德盐场。归德作为地名退出历史舞台。清光绪三十四年（1908年），新安设置沙井乡，沙井名称正式取代归德。

"三区养蚝"

沙井蚝至少在宋代就已名闻遐迩，这一江湖地位的获得，凭的是质优本色。用今人的说法，可以概括为："肉肥质鲜爽脆"。沙井蚝体大肉嫩，蚝肚极薄，有"沙井蚝，玻璃肚"之说。这优质蚝的生成，不纯粹是拜天然所赐，也是当地蚝民的智慧结晶。

沙井蚝民世代传承创新的基因，几百年来，经过世世代代养蚝的辛勤耕耘，积累了宝贵的生产经验。到了清代，在插竹养蚝、瓦缸养蚝基础上，他们结合对本地水域环境特征的长期摸索，有别于其他地区的养蚝模式，又首创了"三区养蚝"的养殖方法。

所谓"三区养蚝"，就是根据蚝的不同成长期和其所需的不同环境条件要求，将养蚝场地分为采苗区、成长区和育肥区3个区域。一季养蚝，从育苗到收成，要经过这3个区域的3个养殖流程，方能开蚝。实行分区养殖，充分发挥了各区域的资源优势，因而养殖效果超群，所产之蚝肉肥体壮，色泽白嫩，鲜美爽脆。

程建学长解释道，这一方法的提出，基于两个方面的考虑。

一是由于水流环境变化的原因，沙井附近海面的咸淡水成分含量是经常变化的，一年中的1～4月份，珠江口咸水有规律地退到南头、大铲、伶仃洋以下海区，沙井、福永一带海面淡水充裕，咸水不足。蚝蛎的生长条件是"无咸不生，缺淡难肥"，没有咸水难以存活，缺少淡水难以肥大。

三区养蚝，根据海水成分不同，把养蚝区分成了采苗区、成长区和育肥区。由左图的区域分布可以看出，福永一带海域适合蚝苗生长，蛇口一带适合蚝的生长，而沙井一带由于海水中微生物丰富，特别适合蚝的育肥。"福永采苗——蛇口海生长——沙井育肥"成为沙井养蚝基本流程。技艺再高超的蚝民，养殖的蚝没有经过沙井蚝塘育肥，品质决然无法与沙井蚝媲美。沙井先人的聪明之处，在于牢牢地掌控了育肥区的蚝塘，拥有他人没有的独占资源。独特的养殖才形成沙井蚝体大肉肥，鲜嫩爽滑的特色，在全国的蚝品中脱颖而出，成为长盛不衰的品牌。这是沙井蚝民的智慧创造，是人类合理利用自然环境的经典实践（程建 供图）

二是不同的海区因地理环境不同，蚝类食物来源的多寡会有差异。离入海口的远近、水流的急缓等因素会造成水域里微生物含量的不同，而生蚝在不同的发育生长期，食量会有相应的变化，作为蚝民必须把握好这些变化，才能为蚝类的生长提供更理想的条件。

依据多年劳作积累的经验，沙井蚝民们认定福永一带虽然微生物不多，但咸淡水浓度非常适宜蚝苗生成，因而将该区域划为采苗区，专事采苗；铲岛至蛇口一带常年有咸水，海口微生物群也较多，因而被置为成长区；沙井一带浮游微生物最丰富，咸水量不大、咸水期不长，是最为理想的育肥区。当年没有检测仪器，沙井人能区分这些海域的水质和微生物差异，完全凭的是长期劳作的经验积累和创新智慧。

掌握了海域情况和蚝的生长特性，蚝民们一年到头的劳作内容，就是出没在风波里，根据水流和季节的变化，不停地调整各阶段的生蚝的养殖区域，周而复始。

一年中的1～4月份，咸水缺乏，蚝民需抢收沙井海面一带已育肥的成蚝。同时，将福永、黄田一带育成的蚝苗转移到大铲、南头、蛇口、后海一带的成长区。此举，沙井人称为"揾蚝仔"。

3月中旬以后，咸水上冲至沙井一带海面，与江河下冲之淡水相混，大量浮游微生物积聚回旋，蚝民们又得赶紧将蛇口一带成长区里已长大的成蚝运过来育肥。经过几个月，最迟至第二年3月前，饱餐后的生蚝肉肥体壮，蚝民便可迎来开蚝收成之季，是为"开蚝"。

6月中旬，珠江口咸水再度北上，抵达黄田、福永、沙井一带，咸

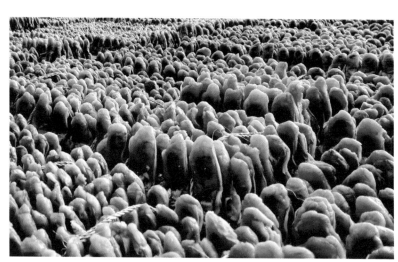

沙井蚝乳白滑嫩，肉肥体大，鲜美爽脆，晒干为蚝豉，体态饱满，光润发亮，呈金黄色，谓之"金蚝"，名副其实。其他海区养殖的蚝蛎，由于只是在单一固定的海域环境自生自长，特别是缺少了专门育肥这一环节，体小肉瘦，多为白中带黑或白中带绿，做成蚝豉多呈黑灰色，颗粒较小，体态瘦瘪扁细，黯淡无光（程建 摄）

淡水交汇，是产生和养育蚝苗的佳期。此时，蚝民们最辛苦也最重要的工作是抓紧时间投放附着器，采苗育苗，为下一轮的劳作奠定基础。一旦采苗失败，则意味着两三年后会出现歉收现象。沙井人称此流程为"投放"。

9月至翌年3月，沙井蚝肉肥体壮，为收成上市季节，也是饕客们品食鲜蚝的佳期。如此轮回，年复一年，亘古不变。

独树一帜的"三区养蚝"，按照蚝蛎生长规律和当地环境条件划分区域功能，充分发挥了各养殖区的优势作用，养出的蚝自然成为其他地方无法比拟的"特产"。

各养殖区域的划分详见下表：

功能区	位置	时间	要　求
采苗区	福永	3月	微生物不多，但咸淡水适宜蚝苗生成
成长区	蛇口	6月	常年有咸水，海口微生物群也较多
育肥区	沙井	9月至翌年3月	浮游微生物丰富，咸水量不大、咸水期不长

沙井蚝本就品质卓越，三区养殖生产程序的创造，使当地出产的沙井蚝益发乳白滑嫩，肉肥体大，鲜美爽脆，晒干为蚝豉，体态饱满，金光铮亮，讨人喜爱。与之形成鲜明对照的是，其他海区养殖的蚝蛎，由于只是在单一固定的海域环境自生自长，特别是缺少了专门育肥这一关，体小肉瘦，多为白中带黑或白中带绿，做成蚝豉多呈黑灰色，颗粒较小，体态瘦瘪扁细，黯淡无光。程建学长语气肯定地说，没有经过沙井蚝塘育肥的蚝，不管是哪里采的种，不管是由谁来养殖，都无法达到

沙井商品蚝的水准，数百年来，这在当地已成为公认的事实。

因此，清乾隆、嘉庆年间之后，当地将沙井蚝起了个别名为"金蚝"。"金蚝"之意，一指沙井蚝豉均呈金黄色，光润发亮，体态饱满，状如金元宝；二指沙井蚝市场价格非一般蚝可比。从此以后，沙井及邻乡人都习惯地称沙井蚝为金蚝。随着时间的推移，这种叫法逐步在周边地区传播了开来。

盐退蚝进

　　位于深圳南山区后海村的后海天后宫，始建于明代，现存建筑为清光绪四年（1878年）重修，1994年再度重修。为三开间二进布局，面阔17.8米，进深17.3米。建筑包括山门、祀亭、两廊、两厢房、两侧殿和大殿。前殿平面为凹式，前檐为抬梁结构，大门内有屏风门。辘筒灰瓦屋顶，绿琉璃瓦剪边。博古式琉璃正脊饰花草、瑞兽，垂脊有瑞兽。梁架构件、斗拱、驼峰彩绘鎏金人物和瓜果等。后殿出前檐，砖砌回廊。两次间后檐用砖墙封闭，与厅连为一体，砖墙承重搁檩。1939年，侵华日军占领南头后，修建后海机场时，曾将这里作为工兵驻地。2003年2月26日，南山区人民政府将后海天后宫列入区级文物保护单位（阮飞宇 摄）

深圳南山。由滨海大道白石立交往南驶进后海大道后，再直走两三千米，便来到后海办公大楼。这里是后海村所在地。历史上，此村紧靠深圳湾，如今由于填海，周边高楼林立，已看不到海岸，涛声不再。

绕到后海办公楼后，可见一座天后宫，正门悬挂着"歌海晏河清共仰慈光普照，颂民安物阜咸瞻大化无私"这样一副对联。闽粤沿海，渔民多供奉天后，天后宫并不罕见。这座天后宫引起我关注的特别之处，不仅在其已历400多年的香火，更在于宫内完好保存的一块碑石。

时光追溯到乾隆三十七年（1772年），沙井蚝民的蚝田经过多年的发展，早已突破了沙井海域，不知不觉间已渐渐扩张到后海一带，与蛇口当地的捕鱼业产生了矛盾。

这年六月的某天，后海当地渔民看到自家门口的海域被沙井蚝民占据，变成了养蚝的蚝田，有碍其捕鱼捉虾捡蟹，便趁着夜色偷偷把蚝田捣烂，把围养的竹竿拔掉。

第二天，沙井蚝民发现自己的劳动成果被毁，当然不肯善罢甘休，双方争执不下，闹到青天大老爷杨士机那里，引发了一场官司。

当时，管辖后海蛇口一带的是南头官府。那个年代的封建政权，没有协作发展的意识，出于对当地渔民的保护，南头官府下令禁止沙井蚝民在后海一带开辟蚝田放蚝，并将官司文本刻立一块《蒙杨老大爷示禁碑》，明令禁止了沙井人的养殖拓展行为。

这一碑文，至今仍完好保留在蛇口后海这座始建于明代的天后宫，被镶嵌在南墙上。碑文提到：后海自立县迄今，不许载放蚝田，以免妨碍贫民下滩采拾鱼虾、螺蚬等物度日。然而，乾隆三十七年（1772年）六月十三日，"突有西路光棍，不报姓名，用船装载蚝种，胆在后海滩处所肆放蚝块。""近来饥荒，全赖海滩蟹螺救活贫民。若被强霸放蚝，则一乡村老幼千命，束手待毙，立填沟壑。但乡村小艇往返湾泊，

后海天后宫大殿的南墙上，镶嵌有3块石碑，分别是乾隆三十七年（1772年）《蒙杨大老爷示禁碑》、乾隆四十六年（1781年）《邑侯吴老太爷禁示并合乡置业入庙碑》、道光二十四年（1844年）《天后宫碑记》。石碑的存在，说明后海天后庙祭祀活动已有数百年历史，也给沙井人的养蚝史留下了珍贵的实物见证（阮飞宇 摄）

一时遇风，必被蚝壳割断桅缆，船人难保。将来贫民落海，因蚝伤命倾家，祸患无穷，流离失所。"为此，村民叩请官府示禁，不许在后海滩涂放蚝。

发生在1772年的这场官司，虽然以沙井蚝民的失败告终，却反映了当时沙井人开拓蚝田的热情和气魄，从中还能了解当时蚝业发展的规模。

由于官府的限制，沙井人南向发展养蚝业的步履暂时受阻。随后的几十年，沙井的蚝田被迫局限在南起西乡大、小铲岛一带、北至茅洲河口附近的海域。直至嘉庆晚年，通过几度打官司，加上沙井人不断与后海当地人交涉，采用购买后海蚝田的方式，蚝民才又开始把养蚝业渗透到后海一带，连绵珠江口东海岸海湾，延续至今。

如果说，明万历年间，以瓦缸养蚝为标志，促成了沙井蚝业的第一次大发展，那么，沙井蚝业养殖历史上第二次大发展，则是从清朝中期乾隆年间开始的。

这第二轮的大发展，起推动作用的因素有三：一是生产力的提升；二是地理环境和社会经济的变化；三是沙井蚝养殖的机制化运营和当地商品经济的形成。

生产力的提升，体现在沙井人不仅掌握了利用竹竿、石头、瓦片等辅助工具养蚝的方法，更重要的是，还在长期的劳作中摸索出提升养殖质量和产量的作业流程。"三区养蚝"法的创造性提出，将沙井的蚝业发展提升到一个新的高度，极大鼓舞和促进了当地蚝民的养殖热情。

当地地理环境和社会经济的变化，则指的是由于海水盐分减低等因素的影响，沙井一带曾经繁盛的盐业生产逐渐萎缩乃至消退。

我国大约有五六千年的产盐史。诸多类别的盐中，海盐最早出现。在漫长的海盐生产史中，地处珠江口沿岸的东莞、新安一直扮演重要角色。即使到了明末清初，在诗人屈大均眼里，东莞盐业生产依然呈现"盐烧积雪千田白，花吐攀枝十里红"（《翁山诗外》卷十·南城眺望有作）的景象。

然而，时至清康熙初年，清政府为遏制台湾，让其得不到祖国大陆的物资，实行迁界禁海政策，距离海边三十里到二三百里不等的整个中国沿海地区，成为一个无人区。广东大部分沿海居民，包括从事盐业生产的灶户，在朝廷威逼下不得不内迁，珠三角沿线的盐业生产因此遭受重创。

程建学长认为，正是盐业的消退，成为沙井蚝业飞跃的重要契机。

明朝时期，沙井一带已聚集了众多人口。按清康熙《新安县志·田赋志》载，清初，新安县人口6851人，仅归德场就"原额人户一千四百五十二户，人丁三千八百三十三丁"。康熙初年迁界措施的实行，使华东至华南沿海地区的渔业和盐业废置、田园荒芜，沿海居民流离失所，深受迁海之苦。偌大的新安县，经"康熙元年、三年两奉迁析"，人口锐减至2172人，盐丁127人。康熙六年（1667年），堂堂一县衙门没有百姓可管，时任知县张璞奏请撤销新安并入东莞县，获朝廷批准。这样的局面，使得当时不少地方官员，包括广东巡抚王来任、广东总督周有德，均上奏极力请求复界。到了康熙八年（1669年），随着鳌拜势力已被消除，实权在握的康熙认为迁界措施已收成效，加上不想继续影响沿海地区的民生，终于允许复界。

《清史稿·周有德》对此有记载："七年，上遣都统特锦等会勘广东沿海边界，设兵防汛，俾民复业。有德疏言：'界外民苦失业，闻许仍归旧地，踊跃欢呼。第海滨辽阔，使待勘界既明，始议安插，尚需时日，穷民迫不及待。请令州县官按迁户版籍给还故业。'得旨允行。"

为方便了解历史，程建学长特别解释道，食盐专卖从春秋战国就开始，盐官与县官是两个不同的机构，属于不同的行政序列。明清时，地方管理盐务的最高机关叫盐课提举司，隶属户部，长官简称"盐提举"，秩从五品，掌盐井之政，直接督察所属盐场之产销事务，征收盐课；盐场的长官是盐课司大使，相当于副县级。地方县一级的长官则称知县。两者管理的户籍不一。明清时代的户籍有良籍和贱籍之别，主要以职业或民族划分。良籍有民、灶、军、匠、商、渔等类别。从事盐业的盐民称为灶籍，归盐课司管辖；非军、商、灶籍者属于民籍，归知县管辖。盐课司负责收盐税，知县负责收民籍人员的农业税等。

康熙八年（1669年）复界后，地方官员和盐官均努力恢复地方经济民生。然历经长达8年的海禁高压，盐民远走他乡，死者过半，村落破败，家园荒芜，原来从事晒盐业的灶户迁回甚少。复界后的十多年里，主政归德盐场的盐课司大使赵锡翰、徐鸿磐、吴之锦、秦庭鉴等人轮番上阵，力图恢复盐业生产，奈何盐官缺乏，重振措施不得力，即使地方官府实行优惠招募政策，鼓励垦殖，由赣、闽和粤东多地新迁入的垦荒者又大多不习煮盐；加上"迁界"八年，运盐之路受阻，私盐贩运猖獗，以前靠粤盐的湘、赣等地居民已改食淮盐，粤盐的市场空间被挤占。曾经风光的新安盐产地，既无产量又无销量，逼使不少盐田池漏废弃，盐民改行营生。

到了清乾隆初年，此境况仍无多大改观，海盐产量每况愈下。

乾隆三年（1738年），靖康场"以场产丰歉，今昔情形不同，归并归德场大使兼理，改名归靖场"（陈伯陶. 民国东莞县志：卷二十三·盐法）。

乾隆五十四年（1789年），因歉收，经朝廷议准，实行改埠为纲，裁撤丹兜、东莞、香山、归靖等四场（清盐法志：两广卷：卷二百一十四·场区）。

归德盐场就此撤销。伴随珠江三角洲粤盐的衰落，苏淮盐业却在崛起，沙井的盐民不得不重新寻找出路。历史的机遇就此降临——荒芜的盐田，给沙井的养蚝业发展带来了巨大的空间。

与盐业逐渐衰落形成鲜明对比的是，同样是面对复界后疮痍满目、百废待举的局面，康熙九年（1670年），新安县重新设立后的新任知县李可成则踌躇满志，提出剪除旧弊、振民兴革之八项行动。其中最重要的一条是鉴于当地人丁减少，田地荒芜，李可成通过各种方式，四处告示，采取优惠政策，吸引和优先安置新安原住民回迁，悉心招徕闽西、赣南、粤东、粤北之移民。凡落籍新安者，予以栖址，划拨山田滩涂，鼓励移民耕凿，穷困者给予种子，缺劳力者赊借耕牛。通过大量招募客家人，短期内，筑造家园，恢复生产，开设墟市，促进贸易，立竿见影，很快重现了当地昔日的繁荣。

嘉庆廪生陈棠绘的新安八景图之"参山乔木"（原载《嘉庆新安县志》）。参山就是参里山，位于今沙井街道云林新村，是晋代孝子黄舒的故里。李可成，号集又，辽东铁岭人，生于仕宦之家。康熙四年（1665年）任保昌县知县，康熙九年（1670年）改任迁界后复县的新安县知县，见到的是疮痍满目，百废待兴。

他派人到处去招复迁移人丁，督促百姓垦复荒地，捐资修葺城垣。复建的同时，李可成与地方乡绅合议，提出新安八景，还亲自写出一组七言律八景诗。八景中的"参山乔木""龙穴楼台"都与沙井有关。选八景的缘由，一则，地方志的体例里有八景的规定，不容缺失；二则，创建八景是一个地方开化不开化的标志，当然也是地方官员政绩的表现；三则，通过创建八景文化塑造新形象，可招徕更多的移民

据《新安县志·田赋志·土田》条载，康熙九年，知县李可成督垦，复原迁移田地423顷516亩；康熙十年，复原迁移田地671顷94亩；康熙十一年，复原迁移田地164顷92亩；康熙十二年，复原迁移田地148顷45亩；康熙十三年，复原迁移田地3顷83亩。

李可成的招垦卓有成效，对地方经济当然大为有利，但对于原住民则意味着既得利益的受损。由于新安县大量招募外地民众，客家人不断涌入，依仗人数优势，大大压缩了原住民的生存空间，彼此的利益冲突一度尖锐。据史载，陈朝举次子康适在荷坳（当时隶属惠州府归善县）繁衍的陈氏一支，主要从事农业，与其他姓氏合伙创建横岗墟，其仙溪支派还创建了龙岗墟。然而到了乾隆年间，客家人大量涌入龙岗，建围

定居，创立墟市，人数处于劣势的荷坳陈氏在与客家人的争斗中失利，就连自身创立的龙岗墟名称也被客家人占用，陈氏龙岗墟成了旧墟，改称为上墟。

有这样的冲突局面，可以想见沙井盐业转型后，原先从事盐业的灶丁面临的选择并不多。土地稀少，无处可迁移，可以如愿转为务农的盐民只是少数，剩余的，只能在原地想办法。

起先，他们把盐田改为稻田，也想尝试转为农民，然盐田改造而来的稻田种植的水稻，虽然没有病虫害，易于管理，长得很高，产量却很低，亩产仅一两百斤，远远不能满足日常生活需求。而此时历史已发展到清朝中期，广东的商品经济已经形成，沙井的养蚝业已经具备一定的规模，形成了成熟的养殖销售模式，前景看好。于是，尝试转为农民的灶丁改变初衷，变身为蚝民，这样一来，不仅原先的盐田得到充分利用，而且那些投身私盐贩卖的盐商多年形成的营销渠道和运营模式也可以从中发挥作用，众人猛然发现，这才是最佳的转型选择。据程建学长的研究，当时退出盐业的灶丁人数，起码有一到三万之众，再加上以盐为生的盐商等各路人马，这些人哪怕只有部分转为蚝民、蚝商，这股力量的汇入，再配合盐田转为蚝田后规模的提升，对沙井蚝业发展的推动作用也是显而易见的。

沙井蚝养殖的机制化运营和当地商品经济的形成，则是沙井蚝业最终名闻天下的关键因素。

看地理位置，沙井沿海少有林立的礁石，多为淤泥滩涂，从蚝蛎自然生存的角度讲，其先天条件并不优越，远不如大连、青岛、厦门等地。但为何沙井蚝能够做大，名扬天下？那天，程建学长一边品着素咖啡，一边给我娓娓道来。

首先，是自身因素。沙井蚝的养殖，是家族式经营，形成公司化产

在沙井，有两座陈姓宗祠，分属两个家族。一为南祠陈氏大宗祠，又名"雍睦堂"，其沙井开基祖先是宋朝驸马陈梦龙之子陈宋恩；一为位于沙三村的北祠，即陈氏宗祠，又名"义德堂"，其沙井开基祖先为宋议政大夫陈朝举，这一族陈氏，是沙井蚝民的主要构成。"义德堂"门楼明间正中辟门，左右有木匾楹联："凤集高冈俨看文明天下，龙蟠沙井行将霖雨苍生"。据说上联出自明嘉靖戊午（1558年）乡试举人潘甲第之手，而下联则为明万历壬子（1612年）乡试亚魁陈龙佑所作。而陈龙佑时仅8岁，对成下联，名震遐迩。传说因对此联曾引起潘陈不睦，发生械斗。义德堂是沙井陈氏家族的中心，沙井蚝业的蚝田分布在从虎门到后海珠江入海口的东岸，都属义德堂所有（程建 摄）

业化机制。陈姓是沙井大姓，南宋开村之后，一直维持一两万人以上的人口规模，通过宗族控制资源，统一管理，其运营机制类似于传统的非公司制国有企业，甚至还拥有自己的武装用以维护生产，大约在清代乾隆年间就形成了产业，这其实就是封建社会的商品经济。这是其他地方蚝业的散养模式无法比拟的。

前面提到，沙井蚝的蚝田分为采苗区、生长区和育肥区。沙井蚝之所以养得比其他地方肥美，最关键的环节在于上市前几个月，必须运回沙井育肥区进行吊养。这里的蚝塘水较深，浮游生物丰富，只有经过这个程序，才能养成体大肉嫩，蚝肚极薄的沙井蚝，作为商品蚝畅销广州、香港以及东南亚一带。而在别处，哪怕采用一模一样的流程，若少了搬回沙井蚝田育肥的环节，就无法达到沙井蚝的出品水准，就连号称沙井离村的香港元朗厦村，移居那里的沙井人养殖的蚝也不例外。在这个问题上，不能不佩服沙井陈氏先人的商业智慧。历史上，他们早早发现了这个关键所在，逢卖必买，持续并购蚝田，以致中华人民共和国成立前，沙井蚝田大多属于陈氏义德堂家族，尤其是沙井育肥区的蚝塘，更是完全被义德堂掌控。

陈氏家族不光拥有丰富的养蚝经验和技术，更有完善的管理。蚝塘分8个塘口，分别是沙口塘、德合堂、合澜塘、宝环堂、冠益塘、冠朝祖堂、俞肥堂和几合堂，塘口名称就是商品蚝的名称，由18位绅士管理。其运作流程是：总管把蚝产分租给塘主，塘主之下有管理人员5人，再把蚝产向散户出租，按蚝船作业人头收取租金。蚝船的规格是6.6尺（约2.2米）长，6个人做；还有6.4尺的，四五个人做。凡在沙井租用蚝塘育肥蚝，每艇蚝船要按4人计算租金交给塘主。中华人民共和国成立前，塘主每艇蚝船可收港币44元。每个塘还设有一个蚝寮，凡租用该塘养肥的，开蚝时一定要在此塘主的蚝寮煮蚝。蚝寮供给柴火，获取蚝油。这种资源垄断性的经营，保障了陈氏家族稳定的经济收入，在此基础上，再通过其有组织的运营机制，持续放大效益，形成良性循环，极大地推动了当地蚝业的发展。

其次，是外部因素。沙井历史上的经济文化地位，对沙井蚝的发展意义非凡。程建学长在《沙井记忆》一书提到：晋代的黄舒父子迁入宝安，带来中原文化，沙井成为当时宝安的文化中心；因归德盐场设立，沙井成为当时宝安的经济中心，与当时南头的政治中心和大鹏的军事中心并列，成三足鼎立之势。深圳的移民史和经济发展脉络，是由沙井古墟开始的。

陈氏宗祠（微观 摄）

作为历史上有名的盐业产地，沙井境内的茅洲河河口很早开设了码头，白盐从这里装船，经由珠江水系溯源而上，通达广州、香港，甚至西可至广西西江，东可达江西。明末清初屈大均所著《广东新语》就记述了350多年前归德盐场生产的"熟盐"，取道广州、肇庆、惠州、博罗各埠销往各地的历史。这在交通不便的古代，是得天独厚的交通优势。

由于盐业生产方式的需要，大量盐民聚居于沙井，10条村不像其他区域那样散落而局，而是挤在一起，形成人口大量的聚集，给沙井古墟的商业发展提供了广阔市场。同时，既有官盐专卖，就必然会有私盐的存在，这是由人类的逐利心性决定的。私盐的泛滥过程，必然伴随有一条商品经济产业链形成的过程，这从另一层面推动了沙井古墟的形成和发展。史料上有过记载，沙井古墟曾经有过被叫作沙井市的历史。

于是，围绕食盐和码头的运营，自北宋开始，沙井就成为商品集散地。宋、元以来，沙井当地农渔民富庶，贾商众多，墟市、商埠、码头不少，热闹非凡，形成了早期商品经济。据《新安县志》记载，清嘉庆、道光时期，新安县有墟市36个，沙井一带就有茅洲墟、茅洲旧市、云霖墟、沙井墟和清平墟5个墟市。由生产的有组织，再到销售的商业化运作，商品市场优势，奠定了沙井蚝迅猛发展的基础。

再次，是催化因素。自唐代开商以来，广州就是对外开放的商埠，到了清代更是成为唯一的对外口岸，这也是大连、青岛、厦门不具备的条件。外国商船要进入广州，需要等待批文，以当时的办事效率，这是个漫长的过程。好不容易交易完毕，返程时，囿于当时的科技水平，商船以风帆作为动力来源，还需要等候适航的季风和洋流走向。这一来一往，通常需要在珠江口滞留几个月。在这期间，船员不能进驻县城，更遑论到广州这样的城市，只能停留在乡镇海域，依靠乡镇补充食物和淡水。16世纪中，葡萄牙人之所以向明朝政府"租用"澳门，为的也正是给自己的商船找一块休整港湾。沙井一带由于是归德盐场所在地，自古就为名邑之地，鱼米之乡，史上因盐和蚝而富，拥有便利的交通网络，形成发达的商业系统，经济富足程度在广东处于前列，历来为宝安乃至广东的重镇。据说，以前再有名的粤剧名伶也必须先在沙井登台之后，才能在广东各地演出。这样的乡镇地方，自然可以吸引更多无缘停靠城市的外国商船抛锚停留，使沙井无意中扮演起外国商船后勤服务基地的角色，成为中外文化商品交流的结合点，这对当地外向型商品经济的发展无疑是一大促进。沙井人见多识广，商品意识以及开放意识在对外交流中逐渐萌发、不断锤炼，最终转化为一种催化剂，促成沙井蚝业的飞跃发展。

最后有必要一提的是自然因素。蚝业之所以在珠江口一带得到重视，与此海区的渔业资源与东海、黄海沿岸相比，相对贫乏，且本地土质贫瘠、滨海平原稀少有关。之前开发的滨海土地多做盐田使用，盐业倒闭后，土地转型为农业又不能满足需要，导致当地人耕种不能，而靠海吃海，可选的经济渔业范围又不大，打鱼收获不够理想，这就逼迫他们只能专注于蚝业。而大连、青岛、厦门等地方虽然遍野蚝蛎，但渔民没把人工养蚝作为他们生计的主要来源，而是从事在他们看来经济价值更高的营生，比如采集海参、远洋捕捞等。这就催生了它们之间不同的渔业养殖业走向，形成不同的经济支柱。

综合以上因素，盐退蚝进，造就了沙井养蚝业又一个发展的黄金时期。清代中后期以后，专业蚝民数量增长较快。沙井大村、步涌等村原先务农、务盐的村民较多，到清中后期以来，很多农耕者先是变成了渔耕者，又由渔耕者转变成了专业养蚝者。到清朝末年，沙井蚝民足有上万人，成了珠三角地带的一支养蚝大军。

伴随盐民转型的，还有盐田的转型。原来的盐场、盐田，除了部分被截塞填土外，大部分逐步被改造成为蚝田，蚝业几近占据了原有盐场的所有合澜海海面，并在白鹤滩（今福永及机场）一带形成蚝田，继之向前海、后海发展，甚至发展到香港流浮山一带。《嘉庆新安县志·卷之三舆地略》载有"蚝出合澜海中及白鹤滩"之句，道出了当时沙井蚝业的分布区域，描绘出壮观的发展规模。合澜海大致的位置在步涌、新桥、茅洲墟、碧头墟之间，有茅洲河和碧头河的淡水注入，是养蚝理想的水域。白鹤滩就在今天鹤洲一带。

从业人员增多，蚝田面积迅速扩大，蚝业产量必然也出现较快增长。伴随蚝产量增加，蚝制品、蚝干的销售自然也得到了迅速增加，销路从原先的满足本地和周边需要，依靠茅洲河码头，发展到远销广州省城、东莞、番禺、广西西江沿岸以及后来英、葡占领割让之后的香港和澳门，部分还被商家销往新、马、泰等东南亚国家。

这样，清乾隆年后，凭借生产的产业化、销售的商业化、交流的外向化、投入的专一化，沙井实现了养蚝业历史上的第二次大发展。

沙井蚝文化成型

　　马克思说过，文化的本质就是自然的人化，是人类在改造自然、社会和人自身方面所进行的活动，以及所取得的客体化成果。在长期的发展过程中，沙井蚝业逐步形成了打山口、流水定作息、集体协作等生产习俗和蚝壳砌墙、上香礼拜天后等生活习俗，有一整套成熟的养殖和加工技术，形成了种蚝、捌蚝、搬蚝、撒蚝、屯蚝、扑蚝、捡蚝、开蚝等传统工序。同时，由于代代养蚝、制蚝、品蚝，逐渐形成了较为成型、具有浓郁岭南特色的"蚝文化"。概括来说，沙井蚝文化，就是沙井人在与蚝相关的社会实践过程中所获得的物质、精神成果。

　　提到蚝文化，作为沙井引进的文化人才，程建学长如数家珍。

　　中华人民共和国成立以前，沙井蚝民采苗基本上靠野生的蚝繁殖。蚝民劳作的第一步，就是采苗。这是人工养蚝很重要的环节，能否及时采得好苗，事关日后是丰收还是歉收。此工序类似于农民的播种，所以称为种蚝。

　　成年蚝在每年初夏受到淡水流入刺激，排卵受精，当地人称为泻膏。蚝卵浮动一段时间，就发育成蚝苗幼体。蚝民们把预先备好的附着器，趁涨潮时运抵预定海域，分散抛下去，潮退时再把附着器有规则地插立于泥滩之中，海水中漂流的蚝卵，在适宜的环境条件下，就会附在各种附着器上，成为蚝苗。

晒蚝（何煌友 摄）

要检查蚝苗的附着情况，蚝民需将附着器捞起，舔其器表，若舌头有刮刺感，意味着蚝苗附着成功。此时的蚝苗肉眼是看不见的，而蚝民双手因常年劳作，多有厚茧，难以靠手的触觉进行分辨。

明清时期，种蚝多采用蚝壳、石块、瓦块作为附着器。按照屈大均的记载，当时人们的种蚝方式是："以石烧红散投之，蚝生其上，取石得蚝，仍烧红石投海中，岁凡两投两取。蚝本寒物，得火气其味益甘，谓之种蚝。"

当蚝长到大拇指甲大小的时候，已是一年后的事了。每年三四月间，降雨期开始，淡水逐渐侵袭蚝苗区，不利蚝苗生长，此时就要将蚝搬到南头、后海一带有咸水的安全地区寄养，是为"搬蚝"。

搬蚝到位后，接下来的工作就是捯蚝了。捯，即捩，意为扭转、翻转。所谓捯蚝，就是将蚝逐个排列成行，扶正，将蚝嘴朝上，避免被滩涂的泥糊住。在深水区，通常是不需要撒蚝、捌蚝的，在浅水区养蚝则需要每年夏、秋、冬季捌二三次。

捌蚝要及时，讲究方法。夏季风浪大，泥油多，须捌得整齐，紧密。秋冬时，蚝块大量生长，捌蚝要保持一定的间距，以利蚝的生长。对于每棵蚝块还要分清轻重，宜将重的一边向内，轻的一边向外。倘若处理不好，蚝块会生成团状，歪跌或畸形，影响接下来育肥的效果和产量。

如果蚝生长缓慢，需搬到环境好的区域；或蚝块过密，影响生长，也要将蚝适当搬疏；或为了寄肥，将深水的蚝搬到浅水暂时寄养。这种做法叫屯蚝。

蚝生长到收获季时，由于石头和缸瓦体大量重，妨碍收割，或同一棵蚝因附苗年度不同，大小不一，都需要扑甩，然后按照生长状况和大小不同采取寄肥或处理，这种做法叫扑蚝。

在同一块蚝田里，不能同时收获，就需要区分处理，捡拾大块的寄肥，小块的继续放养，这种做法叫捡蚝。

进入秋季，蚝塘的水逐渐由淡变咸，适宜蚝的养肥。此时，将浅水区达到收获年期的大块蚝搬到沙井蚝塘养肥。大块蚝搬来后，要及时整理，插成列状，叫撒蚝。目的是将没有次序的蚝整理好，以免窒息死亡。其方法是：浅水能见的部分应撒成列状。深水不能见的蚝，一般也要求撒成列状。但主要是插在高平无汰的地方，蚝棵竖直，蚝口向上。

养殖了两到三年后，蚝在寄肥塘里养到够肥度时，9月至翌年3月期间，即可搬回岸边开采。若时值冬季，气温低，下水不便，就需要用蚝钳把蚝挟到船上来，当地人叫这个工作为钳蚝。

把蚝搬到岸上，用蚝啄把蚝壳撬开，再用蚝啄尖刮脱蚝沾板（闭壳肌），取出蚝肉，这就是开蚝。

沙井蚝文化博物馆展示的钳蚝工具。蚝育肥到一定程度，就可搬回岸上开采。由于收蚝的时节通常在冬天，海水寒冷，下水不便，蚝民便发明了钳蚝工具，将竹竿套上铁制叉头，一般两手各持一支，配合使用，便可将蚝块挟到船上来（阮飞宇 摄）

养蚝工序的成熟，是沙井蚝民养殖经验长期积累的结果。

不仅养蚝一流，制蚝也值得称道。自宋代以来，沙井蚝民就已经懂得对蚝进行加工和销售。传统上，对沙井蚝的加工主要是鲜蚝食用加工、制作蚝豉（包括生蚝豉和熟蚝豉）、蚝油。

鲜蚝食用加工。就是从蚝田育肥区中把达到成熟、具有商品价值的蚝块打捞出水，经过开壳取出蚝肉，就成为鲜蚝。鲜蚝经厨师烹制，成为美不胜收的各式菜肴供人食用。

蚝豉加工。把鲜蚝用各种方法制成蚝干，俗称蚝豉。蚝豉因加工方式不同，主要分为生蚝豉和熟蚝豉。沙井人每年冬至前后，把收成的鲜蚝放在竹席上晾晒至脱水，即为生豉，不需高温烘烤，个大，蚝肚结

蚝啄

沙井蚝民采用的开蚝取肉专用工具，弯曲尖细的啄头能迅速将蚝壳撬开取散出蚝肉。

沙井蚝文化博物馆展示的开蚝工具，名叫蚝啄。弯曲尖细的啄头，能迅速将蚝壳撬开，再用啄尖刮断坚韧的蚝沾板（闭壳肌），鲜蚝肉便可脱落下来。熟练的开蚝工，开取一蚝只需几秒钟（阮飞宇　摄）

沙井蚝
前世今生

实，色泽金黄，是蚝豉中的精品。农历二月前后收成的鲜蚝，多用于制成熟蚝豉。先将鲜蚝倒大锅里煮十多分钟，捞起置于烤炉内或阳光下烤、晒，便成为熟蚝豉，简称熟蚝。熟蚝豉的颜色稍深，个头也小一点。另外，还有一种半干半湿的蚝豉，俗称罗淋蚝。

蚝油加工。煮蚝加工时，鲜蚝肉的部分液汁受高温而溶解于水，再经15到16个小时的慢火熬炼，让水分不断蒸发，最后留在锅里的就是酱褐色、浓郁芳香的原汁蚝油。按传统制法，每100斤鲜蚝只能制出2.4市斤的原汁蚝油。

至于调味蚝油、蚝罐头等加工产品，以及将蚝加工制作为各种食品、药品、健康饮品等，那是当代才有的事了。

　　香煎生蚝，此蚝菜曾在第三届沙井金蚝节暨首届沙井金蚝烹饪比赛中拔得头筹。这道菜之所以叫香煎而非生煎，关键处是生蚝在煎制之前得先用水焯一下，或在太阳下晒半天，逼出蚝体"白汁"，令其干身，煎出来才会甘香。煎的过程中，用小火，多次溅入上等酱油，两面煎黄，既突出蚝的香味又略有嚼头，类似于香煎半干的咸鱼，鲜咸之间，别具风味（程建 摄）

　　古代土著先民为求生存，常在海边捕鱼捉蟹，偶尔发现野蚝，便捉来开壳取肉食之，如此美味菜肴，得来大抵如此。蚝在当代被誉为"海底牛奶"。而在古时，《本草纲目》记载，牡蛎肉"多食之，能细洁皮肤，被肾壮阳，并能治虚，解丹毒"。

　　北魏时，贾思勰在《齐民要术》一书中首载食蚝之文："炙蛎似炙蚶，汁出，去半壳，三肉其奠，如蚶，别奠酢随之。"意即牡蛎做法如同蚶，吸干水分，去其半个硬壳，一次烹上三个，像享用蚶一样，供醋备用，鲜美至极。

至于沙井蚝的品食，史上首次见诸文字同样出自唐朝刘恂的《岭表录异》，烹制者正是卢亭："海夷卢亭往往以斧揳取壳，烧以烈火，蚝即启房。挑取其肉，贮以小竹筐，赴墟市以易酒。肉大者，腌为炙；小者，炒食。肉中有滋味。食之即能壅肠胃。" 按照刘恂的表述，卢亭们用斧头把蚝从礁石上敲下来，置大火上烧开蚝壳后，挑出蚝肉，装在小竹筐中，拿到墟市去换酒。大蚝浸渍加工制成蚝豉，小蚝就炒来吃。大概到了唐代，人们也是如此享用沙井蚝的。

到北宋，沙井一带已出现人工养蚝，蚝的采食量显然比单纯采集野生蚝大。从这时起，便有了经常性的蚝餐与蚝宴。遇到亲戚朋友来访，就地取材做上几个蚝菜款待客人，成为习俗。

沙井为名邑之地、鱼米之乡，史上因盐和蚝而富，历来为宝安乃至广东的重镇。宋、元以来，沙井农渔民富庶，贾商众多，墟市、商埠、码头不少。据《新安县志》记载，清嘉庆、道光时期，新安县有墟市36个，沙井就有5个。渔盐经商往来进出墟市码头者络绎不绝，带动了餐饮业特别是海鲜食店的增多。据史书记载，当时沙井一带由于归靖蚝的出名，广州府和宝安官商都经常前来品蚝，蚝菜品种也多种多样，如生烧蚝、炸蚝、姜葱蚝、生沙明蚝等，已经是当时的名菜。

南宋以后，蚝菜已成为古代沙井人婚嫁、祝寿、屋宅落成等庆典活动中宴请客人的必备菜肴，如蒸蚝豉、炸蚝肉等。

明末清初诗人屈大均，曾亲临沙井考察，应该是对沙井蚝了解最为深切的文人，在《广东新语》文中赞沙井蚝"其味益甘"。清嘉庆《新安县志》中也记载了沙井蚝"肉最甘美"。可见，沙井蚝早在几百年前就已成为食中佳品、席上名菜，久负盛名。

沙井人吃蚝也很有排场。庆典宴请，沙井人习惯使用"大盘菜"，就是把八道或十道做好的菜依次有序地放入大盆中，上桌供客人享用，

沙井蚝 前世今生

　　程建对蚝豉的吃法也颇有心得。上品生晒蚝豉最宜清蒸，甘香而有咬口，有阳光味和海鲜味。半干湿的罗淋蚝，则香煎最妙，吃时蘸点砂糖，味道特别好，下酒佳选。把蚝豉泡软后切成小丁，与腊肠、香菇、马蹄肉同炒，是地道的沙井家常小菜"炒蚝松"。程建特意指出，蚝豉肚子里面的黑色物质，所谓"蚝屎"，其实是精华所在，是蚝吸收的海藻和微生物（程建　摄）

其中自然少不了蚝菜。这种大盘菜的宴饮习俗，一直延续至今。

　　至于专门以各式蚝菜作餐作宴的饮食，何时在沙井流行，已无法考证，而有文字记载的，则从明代开始。沙井陈氏族谱中，就有专门的蚝宴餐记录。少则四道，多则八道，每道蚝菜的调料和烹饪方法都不同。这种蚝宴习俗，在沙井同样延续至今。一般而言，蚝宴菜式由蒜蓉清蒸蚝开始，继而是油炸蚝、姜葱炒蚝、粉丝煮蚝、蚝豉蒸腩肉、香煎蚝、什锦蚝等等。"蚝豉"更因与"好事"谐音，成为寓意吉利、好兆头的一道本地名菜。

　　古时食蚝，由于生产力低下，能温饱就不错，菜式自然不多，烹调炮制方法也较简单。明万历年间开始，沙井蚝民发明了瓦片养蚝技术，产量大增，蚝菜品种也随着多了起来。清乾隆五十四年（1789年）以后，归德盐场撤销，沙井养蚝业出现了历史上第二次大发展时期，蚝产量迅速增大，并被远销到广州、两广内陆以至东南亚一带，直接影响了这些地方的食蚝习惯和食蚝烹调方式的多样化。1840年鸦片战争及后来香港被割让给英国以后，亚洲各国和西方国家的蚝饮食文化迅速影响到了香港，也影响到了沙井。之后的100多年来，沙井蚝的饮食受到亚洲和英葡等西方国家的影响和包容，炮制方法和蚝菜品种都出现了多样性。最典型的变化是，国人传统上认为蚝性寒，不可生食，只宜熟炙，但文化的相互影响，使生蚝最终端上了国人的餐桌。

沙井蚝
前世今生

　　位于沙井大街的洪圣古庙，俗称大王庙，是祭南海神的庙宇。相传始建于明代，古时渔民出海捕鱼都要在此上香敬神，祈保平安，每年还组织庙会，举行大型年祭活动，周边的渔民村民都来参加，热闹非凡，香火鼎盛。中华人民共和国成立前，沙井义德堂有武装船只巡视蚝田，保护蚝业生产，并收一定的管理费。义德堂的民团武装，驻地就设在洪圣古庙里（阮飞宇 摄）

应该说，沙井蚝菜品这种多样性的形成，在时间节点上，跟业界普遍认定的我国各地菜系真正成型于明清时代是一致的。

而伴随着千百年来沙井人养蚝、制蚝、品蚝的历史演进，沙井蚝文化也日渐衍生。蚝歌蚝曲兴起，蚝壳垒墙作房，"插竹""掇石"养蚝，品食加工蚝蛎，以及因蚝而起的传统习俗形成，无不打上了深刻的文化烙印。

关于拜神习俗，沙井蚝民崇尚妈祖，供奉观音，把洪圣爷奉为生产保护神。蚝民每回出海，都要带上香烛祭拜大海。逢初一、十五则进庙给天后和洪圣上香礼拜。到了天后诞和洪圣诞，更要带上香烛、钱宝、红枣、冬瓜等供品专门进庙拜祭。每家每户均设有观音神台。为图吉利，保平安，蚝船的船头、船尾要漆上祈愿好兆头的对联。

观音天后庙，位于沙四村，面阔一间，进深一间，建筑结构、样式与一般民居相类似。古时沙井陈氏多为养蚝打鱼人家，天天要出海，为祈求庇佑，族人遂于元初筹资建成观音天后庙。清道光九年（1829年），古庙进行过一番大修缮，众蚝塘的蚝民们，捐钱者达86人之多。庙内供奉观音和天后，内墙立有一块道光九年"重修观音天后庙碑"，碑为青灰麻石，高1.14米，宽0.62米，上有碑文200余字，为进士蔡学元所撰写，记录了观音天后庙之形胜、兴衰沿革及升平围的历史，是沙井立村的重要实物资料。2000年6月，当时的沙井镇人民政府将其公布为镇级文物保护单位（程建 供图）

妈祖，被尊为海上女神，是福建、浙江、广东、台湾等东南部沿海地区共同信奉的海神。伴随华侨漂洋过海，这种信仰习俗也带到东南亚各国以至世界各地。最早记载妈祖事迹的古籍，现知是南宋洪迈《夷坚志》，卷九录有"林夫人庙"。农历三月二十三日，是妈祖圣诞，自南宋以来，按照古礼，历代帝王遣官致祭，朝廷颁布谕祭，民间敬神叩礼。2017年4月19日，沙井妈祖诞盛典在沙井大街上的天后宫隆重举行。巡游、醒狮、音乐、粤剧、编舞、合唱，表演一浪接一浪，人们在热烈的气氛中，接受传统文化的熏陶（程建 摄）

　　每到收获季节，蚝民丰收后，都会用大花轿将天后宫、观音庙、华光庙诸神请到祠堂里，敲锣打鼓，吹唢呐，鸣鞭炮，并请来当地和尚念经拜神，杀猪祭祖，按每户人丁分派猪肉，以示庆贺。如果正遇上"每三年一大醮，每十年一届景"的做醮习俗，更要庆贺三天三夜，以祈求来年风调雨顺，国泰民安。

　　每逢元宵节前，全村老少将姓名贴上红榜，以示人丁兴旺，老少平安，是谓"贴红榜"。

　　元、明以后，由于蚝业生产的规模越来越大，沙井蚝文化也渗透和影响到社会生活的更多方面，形成了有规律的蚝民的生产习俗和生活习俗，出现了大量的与蚝文化有关的诗歌文赋，蚝饮食文化更已渗透到千家万户和社会生活的多方面。这些非物质性的沙井蚝文化，经历清代乃至近现代以后渗透影响得更加广阔和深远。

2007年1月，深圳市已将"沙井蚝民生产习俗"列为市级非物质文化遗产项目。"沙井蚝"成为人类所共有的知名的非物质文化遗产。

民国时期，**深圳蚝**已有出口外销，其中以**沙井产量最大**；1938年10月，**日本入侵沙井**，民居被毁，**蚝船被劫**，蚝民被杀**200多人**，6000余人逃亡；**抗日战争**胜利后至**中华人民共和国成立前夕**，蚝业生产**仍然没有恢复**过来。1949年，沙井年产**鲜蚝7000担**。

第六章
动荡岁月

蚝乡劫难

三区养蚝，使沙井的蚝蛎养殖得到跨越式发展，出品日益肥美，声名广播。到了民国时期，深圳蚝已有出口外销，如1927年，宝安向南、大涌、白石洲、后海、固戍、沙头、赤尾、沙井、福永等地出口总值137万银圆，其中以沙井产量最大。

民国时期，沙井蚝田北起磨碟企人石，西至龙穴洲，南至福永海面，东至沙井草坦。据1932年《广东建设月刊》第六期介绍，当时沙井蚝田甚为广大，面积达200余顷，自沙角凤凰山脚至上下涌口，产地绵延约30里。1931年，沙井有蚝船200艘，开蚝2万井（1井=10尺×10尺×1尺），为民国时期最高的一年，收入白银200万。

1936年，沙井蚝从业者约1万人，拥有蚝船350艘，年产生、熟蚝16000担。蚝业生产达到鼎盛时期。

然而，1938年10月12日，日本侵略军登陆大亚湾，5天之后打到了沙井，沙井蚝民居屋被毁，尤其沙井大村的北白岗（今四村尾），原为木屋区，被日军彻底烧毁了。蚝船被劫40多艘，蚝民被杀200多人，6000余人逃亡，仅余蚝民300余户。

这一段历史，在今日沙井人的记忆里，依然难以释怀。从宝安文史作家唐冬眉、申晨撰写的《守望合澜海》一书里，可以了解到许多不堪回忆的过往。

蚝一村的陈国祥出生于1930年，回忆起当年，场景历历在目。日本

　　抗战期间，深圳毗邻香港，处于内外交通要道，战略位置十分重要。日军自1938年侵占深圳后，在这里三进三出：第一次，1938年10月至12月；第二次，1939年8月至11月；第三次，1940年6月至1941年秋。1941年底，太平洋战争爆发后，日军取道深圳占领香港。深港地区成为太平洋战场重要一角，日军在深圳长期盘踞，直至1945年秋，以大约8000人的规模在深圳投降。图为侵华日军在东莞与宝安界碑处停驻（资料图片）

兵打到沙井的时候，陈国祥才8岁。村里很多人都外出避难，陈国祥的父亲那天恰好去广州卖蚝豉，母亲不愿意走，一定要守在家里，等父亲回来。陈国祥和哥哥姐姐跟着村里人一起逃到南头，从后海坐船到香港流浮山。逃难时那种流离失所，无家可归，随时都有可能遭遇日本人飞机轰炸的惊恐，陈国祥永远忘不了。日本兵走后，陈国祥和哥哥姐姐回到家，村里许多茅屋被日本兵烧掉了，失去房屋的乡亲们在大声哭泣。陈国祥家里那间破陋的屋子还好，侥幸地逃过这一劫难。

蚝三村的陈启星同样有避难香港的遭遇。当时，他也才8岁，母亲抱着小弟弟，带着他和二哥步行走到蛇口，渡船到流浮山避难。陈启星清楚地记得那天自己没有穿鞋，在砂石上走路，脚磨了泡，又溃烂了，血染在刀片般的海边礁石上，疼痛难忍。

陈启星母子几个在流浮山海边栖身，买了一些茅草，盖了一间简陋的草棚，在那度过了20多天。每天到港九救济总会领难民粥充饥，才得以活下来。日本兵离开沙井后，母亲带着陈启星兄弟回到沙井，村里的房子被日本兵烧掉了上百间，大人小孩哭成一片，情景很是凄惨。

也就在那一年，陈启星父亲开始生病，没有钱去医院，只能请中医开药方，抓点中药吃，全家就靠大哥一人下海赚点钱。下海也不安全，日本兵经常检查、袭击蚝民，怀疑他们是反抗分子。许多人都不敢做蚝了。陈启星哥哥为了全家的生活，冒险出海，做帮工，赚点钱维持生活。

蚝一村的黎榜林生于1935年，回忆日寇侵华岁月，最明显的感觉是原本宁静的村庄，一下子变得人人惊慌失措。人人想办法逃避，有人逃到偏僻的洪田，黎榜林一家则逃到香港，住了一个多月才回家。那时候，日本兵不是长驻村里，但经常进村骚扰。来的时候，鸡飞狗跳。平时只要有人大叫日本仔来啦，不管是真是假，村民就开始四处奔跑躲藏。人们提心吊胆地过日子，时时都有生命危险。有时，日本人进村之前，要耍一下威风，打枪打炮，烧了很多木屋。有一次，炸毁了很多店铺的屋檐，还炸死一个妇女。还有一次，日本兵又进村了。家家都闭上了门，黎榜林和妹妹与母亲躲在家里的神阁后面，把很多杂物丢在地上。没多久，日本兵果然进屋来了。听到他们的脚步声、说话声，好像有两三个人。吓得黎榜林一家屏住呼吸，母亲用手捂住妹妹的嘴。日本兵没发现什么东西，打破了几个相框就走了。黎榜林一家仍然躲着不敢出来，听到外面有人叫喊"日本兵走了"，还听到有人开门的声音，才从神阁后出来。稍后，又有日本兵经过，有的拿着长枪，有的赤裸裸的，用一条毛巾遮住下部，经过哪家门口，哪家人就要向他们竖大拇指，口里念着"先生第一"表示顺从。也就在那天，邻巷有一少妇被日本兵侮辱了。

日本飞机有时也会来轰炸。人们就集中在比较宽阔的屋里躲藏，听着天空飞机盘旋的声音，像要揭掉屋瓦似的。黎榜林听大人说，日本人在沙井杀了很多人。在乡公所杀了一批抵抗的民团，就是地方维持治安的武装。又听说杀民团时很残忍，用铁丝穿耳朵把几个人连环绑着，用机关枪扫射，横尸街头，惨不忍睹。

1941年，日军占领了香港。黎榜林一直在香港做工的父亲，寄信回家说要去海南做工，此后就音信永断。在那兵荒马乱的岁月，失踪也就意味着死亡。

沙井蚝四村的蚝民陈富祥生于1928年，小时候读过两年书，日本人来后，母亲在走路时，被流弹打死了。战乱，天天人心惶惶的，没有心思读书，就不上学了。13岁的时候，陈富祥就下海做蚝了。由小伙头做起，也就是学徒，没有工钱，只管吃饭。洗船、做饭、担水、烧柴，还有老板的家务活、农务活，一天到晚闲不着。

正　風　報

沙井蠔肥無價

（本報訊）縣屬沙井鄉，是西路唯一富庶大村，以蠔業著名，所產蠔豉蠔油很是大帮，運銷竹港及外埠甚廣，除去年蠔搜稍受損尖外，近年省蠔肥得價，搜利可開始收益，所產蠔極肥，每嬍竟能產達三担之多，牧成頗稱豐富，可惜目前運銷不便，致影响價錢低跌，每担祇可賣得三千元左右云。

（又訊）該鄉蠔豉如要運港，沿途抽机機關極多，每嬍認裝付港幣六十餘元才能運抵，但此鄉人皆未明瞭，是否合於國家法令所訂，望當局注意云。

劉村水客被刼

（本報訊）廿一日晨劉村劉亞鵬賺得蠔豉五（六）附刼……本筒

（五）報到……等候屏答

（丙）擬備偷答

（甲）用僧代……用僧代）

（乙）懷備應用

（甲）親到本處

（戊）法律上鹭

（丁）衞生上鹭

（丙）農業上擬

（乙）生活上擬

（甲）文字代筹

關文字之

中心……

頒佈展開服務工作云。

（又訊）該社爲提倡正當娛樂，及使鄉民對僧僧發生興趣起見，特涓出「五朵橋」一劇籌款，建監球場一所在鳳凰壚即經已建築完成云。

1949年，地方小报《正风报》报道沙井蚝肥无价的消息。短短200多字，信息量极大：沙井是西路唯一富庶大村，以蚝业著名，所产蚝豉、蚝油质优量大，然运销不便，价钱看跌。若运港销售，抽税机关众多，每箩竟要付港币60多元（程建 供图）

1942年，为了防止抗日游击队利用船只打游击，日寇实行"三光"政策，要将所有船只都毁掉。蚝民渔民们为了保护船只，都是白天把船藏在海边的芦苇荡中，利用晚上出海作业，或是白天把船上的桅杆下掉，单撑着无帆的蚝船偷偷出海作业。

有一天早上，陈富祥正偷偷地撑着小船出海作业，突然被巡查经过的日本兵发现了，船被拉了回来，陈富祥也被抓了起来。当时不知日本兵吼叫了一声什么，陈富祥回了一声"听不明白"，立即被日本兵一刺刀捅过来，幸好只捅伤了皮毛，在一位伪军的劝阻下，日本兵才没有捅第二刀，陈富祥得以捡回了一条命。

好不容易盼到抗战胜利，内战又开始了。

蚝三村的陈达祥宣称，从记事起，就时常没有东西吃。父亲也是蚝民，但没有田，没有蚝，连用来附着蚝苗的蚝壳都没有。一家人常常靠乞讨生活。实在太困难的时候，母亲就带着陈达祥和妹妹到松岗的亲戚家找吃的。父亲一人留在家，陈达祥时不时地从亲戚家带点吃的给他。

那时候，游击队和国民党经常打仗。有时候，把巷子两边封住，人进不去出不来。有一次，陈达祥回家给父亲送米，结果又遇上国民党封路，不给进，还把他的几斤米给没收了。等他回到家那天，年纪大又多病的父亲已被活活饿死了。又有一天，陈达祥在蚝船上打工，在黄田遇上土匪吴东权，被连人带船抓到伶仃岛，关了一星期才释放。

能够活到今天，为人们讲述当年的苦难史的蚝民，其实换个角度讲，已经算是那个时代的幸运儿了。许多没能挺过来的人们，他们的悲惨与苦难，也就默默地随着历史的烟云，消散无影了。

兵荒马乱的岁月，沙井蚝业的发展受影响是必然的。抗日战争胜利后至中华人民共和国成立前夕，蚝业生产仍然没有恢复过来，1949年，沙井只有蚝船92艘，蚝产3620井，年产鲜蚝7000担。

蚝海生涯

历史上对于蚝民的劳作，虽有梅尧臣、屈大均等人的记载，但多偏向于文学语言，流于表面，对于蚝民劳作的艰辛，没有深入的涉及，自然无法给人提供真实的感念。

屈大均是为数不多深入蚝乡实地调研蚝民生活的文人，创作了许多打蚝歌，其中两首收录在《广东新语》。"冬月真珠蚝更多，渔姑争唱打蚝歌。纷纷龙穴洲边去，半湿云鬟在白波。""半湿云鬟在白波"，写出了渔姑挥汗如雨、出没风波中的情景，但用诗的语言表现，似乎容易让读者沉浸在诗意的氛围里，而忽视了渔姑劳作的艰辛和枯燥。至于作为个体的渔姑面对种蚝打蚝这辛苦营生，内心是什么样的感受，更无从洞悉了。

要弥补这一遗憾，唯有从老一辈蚝民的回忆中挖掘，才能从细节中拼凑出原貌的大概。

对于普通蚝民来说，做蚝是生计，在每天为两顿饭发愁的岁月，蚝田里的劳作，远没有那么多的诗情画意。

做蚝的人，通常都经历这么几个阶段。

先从伙头做起。用北方话讲，就是学徒。由于做伙头的一般年纪都较小，当地人习惯称"小伙头"。小伙头大多是十来岁即下船，从打杂开始接触蚝蛎的养殖。

小伙头是没有工钱的，船上管饭，能吃饱，菜是咸菜，遇上大方的

此图摄于20世纪50年代，图中的老蚝民，是蚝三村陈润培的父亲。虽饱尝悲酸、历尽磨难，却最终走过动荡岁月的一代蚝民，从某种意义上讲，也是时代的幸运儿（陈润培 供图）

老板，偶尔会有下饭的咸鱼。小伙头的职责，要做好出海前后的一切杂务，行前采购船上用品，上山砍柴，或到海边捡潮水冲来的浮柴，作船上做饭的柴火。出海回来，别人即可散去，小伙头要把船洗干净才能离开。如老板家里有地，农忙时还得帮着耕种。

蚝四村的陈富祥老人回忆自己初做小伙头的情景，还印象深刻。做蚝的人，必须掌握海水潮汐涨退的情况，做蚝得跟着潮水走，水来了就有得做，水退了就没活干，一个月基本上能做个十四五天。出一趟海做蚝，就叫作一流水。每趟流水，出海前，陈富祥总要端着一个竹箩到街上购齐一流水（约7天）船上所需的油、盐等杂物，每次一定要买上1斤烟丝、一大沓卷烟。工间休息时，船员们就左手拿烟纸，右手拿烟丝，卷成小喇叭，像竞赛似的抽着，好像谁不卷谁就吃亏一样。小小的船舱被烟雾笼罩着，人与人都看不清了。船上生活枯燥，人们除了抽烟，没有太多打发闲余时光的消遣。很多初落船的小伙头在这种环境下，自然很快就学会了抽烟。

停航的日子，做伙头的还要在船上睡觉。晴天在船面上睡，雨天睡在舱内。夏天蚊子很多，还有木虱，没有蚊帐，也没有蚊香，经常被咬得睡不着。冬天闲的时候，就在阳光下捉虱子。半夜开船时，如有人不按时上船，小伙头就要上门催。蚝一村的黎榜林说，平日里听大人讲神讲鬼多了，每遇这种时候，在漆黑的夜里独自去叫人，是小伙头最害怕的事情。

说是学徒，但没有人会主动教你如何做蚝，只能靠自己，用广东话来说，靠的是"眼见手功夫"。用心观察他人的劳作，私下里琢磨为何如此操作，有悟性的，渐渐地就能掌握门道，干上两三年，就可以转为大工了。

大工，就是正儿八经帮人做蚝的蚝工，可以拿工钱。民国时期，一名大工一天的工钱一般是3～5元。只要有活干，蚝民就不会饿着，生活与其他人相比，还是能保障的。那时的米，最便宜的一斤也就8分钱。

每年，每个大工可以做两套粗布衣服，夏天一套，冬天一套，这对于成天与海水和泥巴打交道的蚝民来说，根本不够。为此，中华人民共和国成立前的蚝民们，非常爱惜衣裳，通常都是光着身子干活的，即使是摆船的人，也仅是穿件上衣，哪怕天寒水冻也同样如此。那时，下海做蚝是男人们的事，妇女是不下海的，只在陆上、滩涂上干些收蚝、开蚝的活儿。男人对男人，光着身子也就没什么不好意思了。

遇上心肠好的老板，一年下来，有时会给雇工赠送一船蚝壳。可别小看这蚝壳，它不光可以当建筑材料，还可以作种蚝的附着器，令雇工可以一边打工，一边做做鸡生蛋蛋生鸡的美梦。有头脑，肯吃苦的大工，许多就是凭借这些蚝壳，从给他人打工到后来自己为自己劳作的。

把蚝壳攒起来，到一定数量，就往无主的海域投，有一井就投一井，一井变二井，二井变三井，等上三四年，只要有一井的收获，将蚝卖了，可以买一千斤谷，这样全家一年的口粮就有了。由此，渐渐扩大生产规模，就能摆脱雇工的生涯，成为真正意义上独立自主的蚝民了。

如此看来，同是生活在底层的人群，蚝民的生活比起农民要好一些，自己为自己劳作的盼头也比农民来得切实些，当地有"担一担番薯，不如提一篮蚝"的民谣，看上去挺美。可实际上，为什么当地的人们没有一窝蜂涌去养蚝，自是事出有因。

沙井人养蚝有多道工序，按照三区养蚝的方法，蚝苗、小蚝、中蚝、肥蚝的养殖场都分布在不同海区。每到一个生长阶段，蚝民们都要迅速搬场，每道工序都要动手动船来搬迁，辛苦不在话下，还得有船，否则根本就无法养好。

冬天是育肥蚝的黄金季节，必须下海作业，蚝民们都要整天浸在刺骨的海水里，没命地去干。脚被磨损，手被割伤，皮肤被咸水泡烂，伤口溃烂化脓都是家常小事。

辛苦是一方面，对穷苦人家来说，不怕吃苦，怕的是性命不保，令家里瞬间失去顶梁柱。在海上做蚝，遇见生命危险的事常见。陈富祥老人说，有一次他在沙井海面上搬蚝，突然遇到一阵强台风刮过来，小蚝船被吹翻沉入海底，人也落在海中挣扎。他拼命向着海岸游去，当时由于风大浪高，喝了五六口海水，身体已经很难支撑。这时，他发现附近有一根木头漂来，就拼命游过去抓住木头死死不放，依托着木头的浮力才慢慢游到了海滩边，捡回一条命。

陈富祥老人宣称，海面上天气变化快，风雨来了，小蚝船常被刮翻，人就要立即爬起，拼命把船再翻过来，避免沉船。这样的事遇见多了，也见怪不怪了。他自己在咸海里死里逃生多次。

还有一回，陈富祥驾着一条较大的蚝船张帆出海作业，突然遇到一阵风，把船上的桅杆吹断了，桅杆堕落时打在陈富祥的头上，他失去了知觉，晕倒在船上，无帆无舵的蚝船在海上随风漂流。过了好一会，海面上另有一艘蚝船发现了他，赶紧将其随同小船拖拉回岸，经过紧急救治，才使陈富祥活过命来。

危险不光在海上。做蚝需要附着物，做大了，光靠蚝壳是不够的，就得到山里打石头。要想多打石头，靠砸不顶事，得用炸药炸，山都震松了，这危险不言而喻，说不定哪块石头落下来就会砸死人，平常砸伤人更是常有的事。所以，不是迫不得已，许多家庭是不愿意让家里的男丁去做蚝的。

回想过去，陈富祥老人感叹："过去的沙井蚝民，天天与海水泥巴打交道，咸酸苦辣腥什么生活都尝过，什么风口浪尖都经历过。蚝民吃苦都成了习惯，辛苦也说不尽，道不完。"

古时沙井蚝民中流传着这样一首歌谣：沙井蚝鲜天下闻，蚝鲜背后多艰辛。咸酸苦腥不在话，葬海喂鱼亦等闲。这正是中华人民共和国成立前蚝民处境的一种真实写照。

沙井蚝 前世今生

开蚝（程建 供图）

中华人民共和国成立，**种者有海面**，养者有其田，蚝业得到**前所未有发展**；1957年，沙井蚝**本土产量创历史最高**；瓦蚝、石蚝、水泥蚝各领风骚；**1958年**，沙井蚝业社荣获农业社会主义建设**先进单位**；1965年，沙井蚝民以"**在前进中的沙井蚝业大队**"为典型事例走进**北京农展馆**，1966年又以"**科学养蚝、稳产高产**"的事例走进广东省**水产展览馆**，沙井蚝业大队成为**全国养蚝业的一面旗帜**。

第七章
劫后重生

蚝业复兴

一唱雄鸡天下白。1949年10月16日，宝安县县委书记兼县长黄永光率县人民武装部队攻进南头城，在县城地下党员和西乡、沙河等地武工队配合下，歼灭国民党残军百余人，接管了国民党县政府和军警队伍。接着，在南头村祠堂门前召开庆祝解放大会。

宝安解放了。

此时的宝安，千疮百孔，百废待兴。

沙井蚝业同样也陷入了低潮。当时，西乡、南头长蚝区有7个塘：南沙下、向南、吴屋、爱远、恒定、恒安、大乏洲。沙井育肥区有9个塘：沙口、德和、冠益、城益、合益、祀益、裕合、愈肥、东坦。1950年，沙井年产鲜蚝2832艇（每艇蚝约开采熟蚝200斤），年产熟蚝5664多担。1951年，沙井有7个村，其中一、二、三、四村有1789户6700人，蚝艇180艘，蚝的产量只有3000多艇。很多人不能维持生活，跑到香港的元朗去做蚝散工。

面对这样的局面，沙井蚝，还能复兴吗？

在沙井蚝文化博物馆参观的时候，馆内有一件展品一下子就吸引了我的眼球。那是一张国务院颁给"农业社会主义建设先进单位"的奖状，获奖者是广东省宝安县沙井蚝业生产合作社。奖状的签发者，赫然写着：总理周恩来。授奖时间是1958年12月，这意味着，重生后的沙井人，只用8年的时间，就交出了一份连他们的祖先都没完成过的答卷。

1951年1月的《宝安县第四区沙井村蚝业调查》。该报告详细记载了当时沙井三区养蚝和蚝塘占有的情况。由报告内容得知，当时黄田、固戍、福永三地的取种区海面约长十六七里，此处水浅；南头、西乡长蚝区海面约长十五六里，此处水深；沙井养蚝区，海面"长约一千七百丈，现分9个塘，能容纳九千艇蚝左右"。当年，沙井产蚝只有3000艇，只及产出能力的三分之一（程建 供图）

沙井蚝
前世今生

1958年12月，沙井蚝业生产合作社获国务院颁发"农业社会主义建设先进单位"奖状。这是沙井蚝民历代祖先都未曾获得过的荣誉。在此之前，1956年底，沙井蚝业高级生产合作社成立，实行生产资料集体所有制，充分发挥蚝业生产工具优势作用，调动了蚝民养蚝积极性，蚝业生产迅速发展。当年年产鲜蚝近7万担，出口3000多担，蚝田达2万多亩，大小蚝船280多只，蚝业经济量为历史最高。1957年2月16日，沙井蚝业高级生产合作社被评为"全国劳动模范集体单位"；2月22日，社长陈淦池出席了在北京举行的全国农业劳动模范大会，受到毛泽东、周恩来、朱德等党和国家领导人接见，并合影留念（阮飞宇 摄）

　　重振沙井蚝业金字招牌的复兴运动，先从分田到户开始。

　　要调动蚝民、农民的积极性，土地是最好的兴奋剂。土地改革时，沙井成立蚝民协会，把蚝塘收回归蚝民所有，并分到4个蚝业村管理，由村蚝会安排各村蚝船放养，沙井6000多蚝民都享有沿海滩涂的蚝田使用权益。种者有海面，养者有其田，沙井蚝业千百年来前所未有的发展机遇就此到来。

土地有了，但资源有限，如何把蚝业生产启动起来？时代毕竟变了，情形跟以往大不相同，政府出手采取了措施。

一是发放贷款，帮助蚝民恢复生产。1951年至1953年，国家直接给蚝民发放贷款6.7亿余元（旧币），有了启动资金，蚝业生产迅速得到恢复。

二是设立收购站、加工厂，解决沙井蚝加工和销路问题。1951年下半年，在上涌善学围和下涌瓦蚝寮一带设立临时收购站，方便蚝民卖蚝运蚝，收购、加工鲜蚝。这是中华人民共和国成立后沙井建设的第一个蚝品加工厂。1953年3月，当地政府在沙井大村西划地30亩兴建沙井蚝厂，1955年建成投入使用，该厂设置有机房、锅炉煮蚝房及烘干车间、晒场等，生产晒蚝、熟蚝、罐头蚝豉、蚝油等产品，是当时广东省规模最大的蚝业加工厂，日生产加工能力500担熟蚝，后改名为宝安县沙井蚝厂。建成使用后，原沙井第一和第二加工场逐步撤销并入该厂，解决了当时的蚝品加工问题。国家实行统购统销政策，沙井蚝业生产收成的蚝由国家通过水产供销社统一收购调拨销售。

三是增加生产区域，扩大生产。1953年，沙井蚝民向宝安县政府申请在南头后海增放石头养蚝，获得批准，从此堂堂正正地走上向深海发展的路。这与乾隆三十七年（1772年）南头官府只顾地方利益做出的禁令形成天壤之别。1959年3月，沙井蚝业大队划归西海公社，开辟棚头、姑婆角（一、二村）、小铲、赤湾（三、四村）等新地域，开始建立打石基地，采用"蚝忙以蚝为主，蚝闲集中爆石"的策略，以石头养蚝为主。1969年，蚝业大队响应"农业学大寨"号召，提出"向海要（蚝）田，向田要蚝"的口号，在沿海一带寻找和开辟新的蚝田，扩大蚝田养殖面积，提高养蚝产量。

1950年12月底,宝安成立全县土地改革委员会,马伦任主任,黄干任副主任。根据北方土改的经验,珠江地委指示,土改大致分为四步走:一、整顿队伍,实行"二反四追"(反破坏、反分散,追果实、追旧欠、追黑田、追黑枪),打击地主阶级;二、划分阶级,征收没收;三、分配果实,分配土地;四、庆祝翻身,转入生产。当时由宝安土改快报社出版的第16期《土改快报》,报道了土改工作开始后,沙井蚝民、农民觉悟逐步提高,控诉地主恶霸残害剥削的情况(程建 供图)

四是通过成立互助组、合作社,使有限的资源得到合理配置,充分发挥作用,贫苦蚝农的生产得以开展。

养蚝最关键的蚝具是船。中华人民共和国成立以前,沙井的贫困蚝民自己没有蚝船,只能帮别人养蚝打工度日。1951年国家实行土地改革以后,蚝民虽有了自己的蚝田,但很多人没有船,不能独立出海养蚝。在全社会互助合作运动的影响下,1953年底,沙四村陈淦池经过串联,带头成立了第一个蚝业互助组，把有船的和无船的三、四家蚝民组成一个集体协作小组，共用同一条船出海耕作，无船者以帮工补偿船主，解决了无船蚝民的出海耕作问题。很快，其他蚝户也都仿照着一一组织起来。

在这个基础上，1956年下半年，宝安县政府根据中央关于在全国组织生产合作社、信用合作社、供销合作社的指示精神，指派水产科邓彦章带领工作组，到沙井村调查摸底做通工作。陈淦池又带头响应政府走集体化生产道路的号召，6月，串联沙三、沙四村的3个互助组合并成立了沙井蚝业的第一个初级生产合作社，社长是陈淦池。蚝民称之为"老社"。随后，沙一村也成立了一个蚝业初级生产合作社，社长陈造崧。蚝民称之为"二社"。年底，沙井蚝业高级生产合作社成立，社长陈淦池，副社长陈惠池、陈贺苓。蚝船和渔具交公，蚝具属合作社所有，可以统一安排，很好地解决了蚝民劳动力出海养蚝的问题，充分发挥了每一位蚝民的养蚝能力，蚝田发展很快，产量连年大幅增长。

五是改革创新，提高生产水平。

1957年，水泥产品进入农村社会，沙井蚝民们又首创了用水泥制作养蚝附着器，采苗多，质量好，成本低，效果比传统使用的蚝壳、石块、瓦片都要好许多，很快在全省乃至全国推广。至此，经沙井蚝民的创造发明，人工养蚝附着器种类日渐丰富。不同附着器养殖出的蚝在体形、质地上有一定差别，行业内依据附着器的不同，有"竹蚝""石蚝""瓦蚝""水泥蚝"等称谓和分类。只不过，社会一致认可和流行的，只有"沙井蚝"的通称。

尝到了革新的甜头，1958年，政府又号召大搞生产工具革新，在小铲岛搭一大棚，集中一群被认为有革新头脑的人去搞创新。从笨重的生产工具开始，捉摸出改造的方法。蚝业生产最累的是搬石上船，人们便想出用毛竹做滑竿，流送石块入舱，等等。

沙井蚝文化博物馆展示的水泥条附着器。这种附着器由沙井蚝民首创，具有采苗多、质量好、成本低的特点，效果比传统使用的蚝壳、石块、瓦片好很多，很快在全省乃至全国推广（阮飞宇 摄）

沙井蚝文化博物馆展示的"螺旋式蒸汽煮蚝器"的螺旋体模型。加工沙井蚝豉，关键是煮蚝，过去采用传统的铁锅直火加热熬煮，多有杂质碎壳，影响质量。20世纪70年代初，时任沙井蚝厂加工组副组长的陈沛忠，与技术人员和工人们一齐搞技术革新，并亲手绘制成"螺旋式蒸汽煮蚝器"设计图，几经周折，获得成功。一台蒸汽煮蚝器，由一条5米螺旋体，加外罩及一些传送机械装置构成，用2台蒸汽煮蚝器，代替原来20多个铁锅的煮制生产，不仅效益提高了6倍多，且产品干净、无杂质、无碎壳，色泽金黄、美味可口，彻底解决了中国出口的蚝豉碎壳杂质多的老大难问题。此项技术革新成果，荣获广东省科技大会奖，并被推广使用（阮飞宇 摄）

1970年，中国水产科学研究院南海水产研究所科技人员郑运通、邱礼强与宝安县沙井蚝业大队合作，设计并制造一种牡蛎深水养殖水泥正方形填空附着器。

沙井蚝厂时任加工组副组长陈沛忠则研究设计出"螺旋式蒸汽煮蚝器"，并投入改造使用，使熟蚝的加工出产效率提高了6.6倍，降低了成本，后被国家水产部门在全国推广使用。

1976年，沙井蚝业大队在蛇口成立蚝科组，投放附着器1.5万多井，收入292万多元。

以上措施多管齐下，收效显著。1957年2月16日，沙井蚝业高级生产合作社被国家评为"全国劳动模范集体单位"；2月22日，社长陈淦池出席全国农业劳模大会，受到毛泽东、周恩来、朱德、陈云、邓小平、彭德怀、邓子恢等党和国家领导人集体接见。是年，沙井蚝业社有蚝民1073户，4135人，蚝田2.2万亩，大小蚝船282艘，年产鲜蚝89712担，出口5384担。沙井蚝业社走上了"快富之路"，被列为全国收入最高的合作社之一，沙井因此享有"小广州"之称。

1958年12月，沙井蚝业生产合作社获得国务院颁发"农业社会主义建设先进单位"奖状，这也是全国水产蚝业战线第一个全国先进集体单位，被誉为沙井蚝业创造的第一个全国第一，是沙井蚝历史上的最高荣誉。

1965年7月，沙井以"前进中的沙井蚝业大队"为典型事例走进北京农展馆。

1966年，沙井以"科学养蚝、稳产高产"的事例走进广东省水产展览馆，沙井蚝业大队成为全国养蚝业的一面旗帜。据沙井养蚝的老行尊讲，全国蚝产品的等级、价格一直以沙井蚝为标准。

这一系列成绩的取得，充分体现了当时社会管理体制的优越性。在条件简陋、资源匮乏的年代，这种体制有利于调动社会力量，集中有限生产资源，尽快恢复生产秩序和经济发展。比如蚝具收归公有后，蚝业生产最主要的工具——船，不仅有了常见的舢板，还有了以前大户人家才有的帆船，甚至出现了能大大减轻劳动强度、提高生产效率的机船，贫困蚝民的生产因而可以启动，蚝业发展了，生活也就得到了改善。

20世纪50年代，人们讲"挑一担不如菇一篮"，蚝豉较值钱，蚝民的生活比农民好过。

"当时，作为蚝民，在沙井属于一等的公民，吃的是国家粮，生活要比农民好得多，比工人还要好一半。尽管养蚝比较辛苦，但是蚝民的

沙井蚝
前世今生

1953年建设的沙井蚝业加工厂厂房，如今已成宝安区文物保护单位。1953年3月，当地政府在沙井大村西划地30亩兴建沙井蚝厂，选址颇费心思，选在沙井上涌和下涌的蚝寮之间，有一条河直通厂门口。从海边运蚝上岸，开蚝，运到加工厂极为方便。1955年建成投入使用，该厂设置有机房、锅炉煮蚝房及烘干车间、晒场等，生产晒蚝、熟蚝、罐头蚝豉、蚝油等产品，是当时广东省规模最大的蚝业加工厂，日生产加工能力500担熟蚝，后改为宝安县沙井蚝厂（阮飞宇 摄）

那种干劲和团结，是没法可比的。当时蚝民属于国家的人，专门负责为国家养蚝，水产公司代表国家进行统购统销，蚝民不留蚝，生活全凭国家分粮票、布票等，吃蚝也得要票。"蚝三村的陈达祥生于1933年，回忆起那段历史，往事历历在目。

不过，收获的背后，作为个体的蚝民也付出了无数的艰辛和劳累。蚝一村的黎锦爱女士回忆当年，依然感慨万千。

黎锦爱（1938年生）是蚝一村人，16岁参加互助组，第一件事就是打石。那时候土改完成，众人干劲正高，大力发展生产，多投石块就可以多收蚝苗。黎女士的感受是，由互助组到低级社、高级社，再到人民公社，劳动力越来越好调动，打石规模也逐渐扩大。

黎女士清楚记得，在南山的棚头打石时，有段时间是分小组包产，每组四五人，男的一组，女的一组。打石要用炸药点炮，这可是个非常危险的活儿，要大胆心细还要身体灵活。一般是在陡峭的山坡上，一手拿着小杆，一手拿着香火，点着火引，从几十厘米长的火引燃到火药只有几分钟时间，点着火就要迅速跑开，不然就会有生命危险。小组成员轮流做点炮的危险事。打石时，就在石场不远的地方砍些茅草，几根树干，就着山势搭个棚，人住里面，条件相当艰苦。打石一直延续到20世纪70年代的中期，村里有人炸瞎眼，跌跛脚，被石头压伤，甚至死亡，事故年年有。说起打石，又辛苦又危险，人人都有些害怕。不过那时的人老实，队长分配做什么就做什么，人又年轻，身体好，也就没觉得辛苦。

黎榜林曾做过蚝一村的党支部书记、村长，反思当年，自认还是做了一些荒唐的和违背生产规律的事。打石就是其中之一。打石是蚝民最辛苦的工作。初期打来的石头，投放到南脊、大涌、南山等海域，能收到一定效果。但由于上面的人缺乏科学知识，以为投得越多产量越大，

1970年，中国水产科学研究院南海水产研究所科技人员郑运通、邱礼强与宝安县沙井蚝业大队合作，设计并制造一种牡蛎深水养殖水泥正方形填空附着器。图为郑运通（右一）在调研沙井蚝养殖情况（郑序运　摄）

沙井蚝 前世今生

也不管场地是否合适，投下海就算。以致很多投下的石头被泥淹没，连一些原来好的场地，也由于石头投放得太多太密，阻挡了流水，形成淤泥，造成大多数有投放无收成。在小铲、丫仔、孖洲的石头，后来连个影都不见了，都被大浪冲走了。

"养蚝大使"

在沙井，有一位名声在外的老者，名叫陈木根。提到他的名字，也许有人不清楚，但只要说起"养蚝大使"，几乎无人不晓。这个称号不仅属于个人，还代表了沙井蚝业一段引以为豪的技术输出历史。

事情得从20世纪50年代初期讲起。话说中华人民共和国成立初年，基于全国很多海区还未形成水产养蚝业，海水资源浪费的现实，国家号召沿海各省大力发展养殖业。

开发养蚝业需要技术人才，国家水产部门也相当缺乏，而沙井蚝悠久的养殖史，积淀了丰富的技术和经验，夯就技术输出的厚重底气。于是，这一技术输出的任务自然而然就落到了沙井人头上。这种做法烙上了鲜明的体制特色，却也突显了沙井养蚝在全国举足轻重的地位。

1956年，沙井完成了第一次养蚝技术的外传。那时，沙井蚝业高级生产合作社刚成立不久，本身也很需要技术人员，但依然派出两名经验丰富的养蚝能手赶赴阳江，帮助当地寻找育苗海区，传授育苗技术，一去就是半年多，直至育苗成功。

湛江沿海一带多为深海区，渔民们传统上均以捕鱼为业，很少养殖蚝蛎。1959年，受广东省水产部门委托，沙井又派去3名养蚝技术员，帮助湛江渔民开辟蚝田，传授育苗经验，推广养蚝技术。不到一年时间，便开辟了七八个蚝业养殖海区，教会了当地渔民采苗、育苗、育肥等技艺，使湛江沿海建成了一大片养蚝海区，养蚝成了当地渔民的一大

　　陈木根生前留影。陈木根，1920年11月出生，沙井蚝三村人。1935年他开始学习做蚝，掌握了一手养蚝的好本领，到中华人民共和国成立初期，名声已传遍沿海一带。1957年去辽宁沈阳的大连湾传授放蚝技术；1961年被邀请到了暨南大学水产系在深圳南头和蛇口的浅海试验站开展养蚝试验工作，并负责指导学生实习；1963年调到了南海研究所，同年，因工作需要，回到深圳蛇口的养殖场工作；1968年，受国家水产部委派，前往越南传授养蚝技术、经验；1969年6月20日被越南民主共和国总理府授予援越友谊徽章（程建 摄）

产业。

　　1962年，沙井蚝业大队又接到国家水产部门重任，帮助东北的大连市开辟养蚝产业。名声在省外了，沙井蚝业大队高度重视，专门安排有"养蚝专家"之称的陈木根担当此任。

　　陈木根，五六岁起就与养殖沙井蚝打交道，十几岁就成为一名养蚝能手。来到大连全洲，陈木根与同行的4人被安排在大连湾三十里铺一带帮助附近几个大队开发养蚝业。

　　此前，三十里铺周边的渔民响应国家号召，也试养过蚝蛎，但一直未能成功。

越 南 民 主 共 和
獨立·自由·幸福

越南民主共和國政府

授予 陳木根

在越南工作的中國專家

友誼徽章

感謝您在越南民主共和國社會主義建設事業中給予我
們兄弟般的熱情幫助

政府總理

獎譽簿編號第118號
1969 年 6 月 20 日

河內 1969 年 6 月 20 日

陈木根获越南民主共和国总理府颁发"在越南工作的中国专家友谊
徽章"的证书，编号118，颁发时间为1969年6月20日（程建 供图）

　　陈木根深谙蚝的生活条件是"无咸不生，太咸难生，无淡不肥"。
他跑遍大连湾的每处海区，分析了解各处海水的咸淡度以及淡水汇流
区。经技术分析，他发现大连海湾总体海水过咸，造成蚝苗难以生长。
于是，就专门寻找含盐量少的海区和淡水汇流区，在夏天降雨量大的海
区试种，蚝苗终于成功育出。经过四年的努力，大连湾开辟出成片的养
蚝区，养蚝成为大连一大产业。当地官员在表彰大会上兴奋地夸赞陈木
根"真是一位养蚝大使"。

　　就这样，多年来，沙井养蚝技术员的足迹遍及湛江、海南、新会、
中山、大连等沿海地区。沙井养蚝技术的知名度，就此传遍国内，连外

国水产业同行也闻风而至。

1957年，沙井蚝业社凭借显著的养蚝业绩，荣膺全国模范合作社称号。社长陈淦池到北京参加全国劳模大会之后，当时的苏联及日本、越南等国的水产养殖专家闻讯立刻前来沙井考察取经。

1961年，越南通过外交途径，专门要求我国派出几位沙井养蚝技术员去帮助他们开发养蚝业。是年，沙井派出了陈运添为领队的养蚝技术小组奔赴越南。1967年，又派出陈木根为首的团队前去越南广宁省、海防市一带帮助开发。

1967年5月，陈木根与同去的暨南大学6位学生组成一个养蚝技术小组，来到越南农业部计划开辟养蚝业的广宁省海防出海口一带考察水情，选择蚝业养殖场。当时，听越南农业官员介绍，前几年当地渔民已在这片海区做了多年的养蚝试验，但一直未能成功。只有沙井的另一位养蚝技术员陈运添1961年到越南后，在另一出海河口进行养蚝试验勉强能产蚝苗。

经过近半个月的调查，陈木根发现海防出海口海面常年风急浪大，作为肥蚝（咸蚝）养殖区勉强可以，但蚝苗却难以寄养，于是，就将蚝场选择扩大到周边五六十千米的水域。

但凡养蚝高产，必须具备三个条件。一是咸淡水交汇，咸度适宜；二是养殖区内有丰盛的微生物，可供蚝苗食用；三是要有一定的海湾，既易于积聚各种微生物，又较风平浪静，使蚝有较易采食及生活的环境。陈木根经过两三个月的爬山蹚岭取样采点，选择了海防出海口一个小海湾开辟了第一个蚝场，又到几十里外名叫坑口的水湾处开辟了三个蚝场，然后，到附近山上开采石片作为吊种附着器，吊种蚝苗。

经过半年多的精心试种，蚝苗终于较茂盛地长了出来。周边的渔民村民得知陈木根养蚝成功，敲锣打鼓纷纷前来庆贺，把他捧作了滋济万民的活神仙。

越南海防省负责农渔业的官员，看到陈木根成功开辟出几个蚝场，激动万分，又邀请他马不停蹄地到附近的滕江、争江一带去开辟蚝场。经过两年夜以继日地采点和试种，陈木根在海防沿海、白滕江、争江、水坑湾一带试种蚝苗都获得了成功，开辟出十多个连片养蚝区，创立了该地区的养蚝产业，为大批越南民众解决了就业和生活问题。

1968年6月20日，越南民主共和国总理府鉴于陈木根所作出的无私而巨大的贡献，授予他越南的最高国际勋章——越南国际友谊勋章，还特意安排他到河内接受胡志明主席的接见和慰问。从那以后，"养蚝大使"成了陈木根的代名词。

低潮乍现

中华人民共和国建立初期，五六十年代凭借蚝民翻身做主获得土地后的热情和国家调动集体力量的体制优势，沙井蚝业在较短时间内完成了产业复兴，1957年达到史上高峰，并通过积极的技术输出，强化了自身的品牌效应。

就在沙井蚝将要迎来一次大飞跃的时候，三年困难时期出现了。

按照养蚝的出产规律，灾害后果滞后两三年出现。1962年，沙井蚝产量仅7598担，似乎又回到中华人民共和国成立初年的水平，蚝业生产陷入低谷。

这一场风波好不容易挺过去，"文革"开始了。国家的政治、经济等全面陷入无序状态，偏居祖国南方一隅的沙井同样未能幸免，体现在蚝业生产上，又出现了起伏。

沙井渔民蚝民出海使用的《出海船民证》。根据我国有关规定，年满16周岁的未持有《中华人民共和国海员证》或者《船员服务簿》的人员、渔民出海，应当向船籍港或者船舶所在地公安边防部门申领《出海船民证》。该证的办理，旨在加强出海作业管理，起到打击走私、防止偷渡的监管目的（程建 供图）

1949年至1981年，沙井鲜蚝产量统计如下（单位：担。数据源于郭培源、程建著《千年传奇沙井蚝》）：

年度	鲜蚝产量	年度	鲜蚝产量	年度	鲜蚝产量
1949	7000	1963	9083	1971	40541
1950	13027	1964	19430	1972	24556
1951	13800	1965	22164	1973	29436
1953	17848	1966	33129	1974	27289
1957	72660	1967	15072	1975	37675
1960	28862	1968	12672	1976	41310
1961	16974	1969	42866	1977	47233
1962	7598	1970	41117	1981	6650

由产量统计可以看出，到"文革"结束、沙井联产承包责任制推行前的1981年，沙井的鲜蚝产量陷入中华人民共和国成立后的最低潮，仅6650担。

这段历史当时带给蚝四村的陈弟潮最直观具体的感受，是会议太多。在他看来，蚝民的本分就是做蚝生产，比谁做得好。但那个年代，运动频仍，会议特别多。从1953年互助组开始，到人民公社，再到后来的反"五风"、小"四清"、大"四清"，接着是"文革"。那时候，下海照样去，晚上还得回来开会。有的会一开就到午夜。尤其是村干部的会议更多，每当村干部在开会，社员在生产时，群众就戏称此现象为"开会温饭食（粤语，"靠开会谋生"之意）"。

那些年生产没搞好，陈弟潮把原因归结于盲目指挥。当时为了扩大生产，大量投放种蚝，多数被泥淹没了，劳民伤财。还有就是为追求高产，把育肥的蚝放得太密，结果多数长不肥，越长越瘦。大队、生产队不能决定如何生产，都是由上级来决定。生产上的事不让蚝民自己安排，有经验的人听那些没有下过海的人指挥，在陈弟潮看来，颇为荒谬。

生产陷入低谷，运动频仍，村民生活窘迫。而与此同时，与沙井隔海相望的香港却迎来了经济腾飞时刻。凭借出海船民证可以自由出入香港的沙井蚝民，难以抗拒对岸的诱惑，许多蚝民尤其是年轻人选择了极端行为——逃港。

蚝四村的陈弟潮介绍，当时村里的年轻人，几乎是长大一个，跑到香港一个。为什么跑？"还不是因为穷。"

偷渡香港，都要冒生命危险，可还是有人声称"就是要走，即使死了，骨灰都不要吹回这边来"。

"文革"时抓外逃很严，外逃被定为叛国投敌罪。蚝三村的陈任成还记得，蚝一村有十几人坐船到了流浮山附近，被边防人员抓了回来，为首的一个20多岁的青年人被判了死刑，还开了万人大会。那时没有公检法，公社革委会说了算。但是，即使是死刑，也没有吓倒外逃的人。

许多沙井老人回忆当年的这段历史，心情复杂而无奈。蚝业大队7000多人，据说走了差不多一半，像东塘，100多人一个队，差不多全跑了，就剩老人了。当时，几乎所有的家庭都有人逃港，而且有个共同的特点，都是不辞而别，事先没有任何动静，做父母的往往是孩子出走后才得知消息。蚝三村的陈泽才，家里4个男孩，"大放"时有3个先后逃到了香港。其中老二被边防人员截获，送回来修水利劳动了一个月，放出来不久，又坐船走了。陈泽才知道后，死死拦住了第四个儿子，家里总得有个儿子留在父母身边。好在小儿子当时才十五六岁，年幼听话，总算留在了沙井。

1957年3月4日发出的《关于当前反偷渡工作的补充指示》（宝边区〔57〕字第11号），曾对当时人们偷渡前的表现进行过总结：行动言论可疑；三三两两开小会不出勤；积极要求出港、出海打鱼；不正常出卖和买东西；大饮大吃一餐。

据《宝安三十年史》（文物出版社）一书披露，宝安对外改革开放前，大规模的逃港风潮共有三次。第一次是1957年6月底至9月底，第二次是1962年4月下旬至7月底，第三次是1979年。外流出港的高潮与沙井蚝生产的低潮几乎惊人地同步，蕴含着某种关联。

"宝安只有3件宝，蚊子苍蝇沙井蚝；十室九空人外逃，村里只剩老和少。"这首流传于当年宝安县的歌谣，道出了几次逃港浪潮对深圳这个边陲小镇的强烈冲击。

所幸的是，我们国家这艘大船在风浪的冲击中没有失控。1976年之后，航向得到及时调整。

1979年，沙井引进日本"筏式吊养"技术，养殖面积和产量飙升；20世纪80年代，深圳经济特区发展，海水出现污染，1985年开始尝试蚝业迁移养殖；1991年起，海域污染进一步恶化，沙井蚝业大规模迁移养殖。

第八章
"出走"深圳

筏式吊养

　　牡蛎养殖，适宜在风平浪静，潮流畅通，水质澄清的内湾，选择底部平坦，有淡水注入，盐度变化不大的海区进行。

　　古时候，由于生产力水平较低下，蚝民养蚝的沉田，一般只能选择近岸海水较浅的海区，即在最低海水线以下1～2米深的近海区。因为太深则无法放种管理，收成时也难以采蚝，不便养种；而太浅了或在最低海水线以上，海水退潮后蚝蛎露出水面则无法生存。所以，自宋代开始人工养蚝起，至20世纪80年代初，沙井及附近的蚝民，都是利用珠江口沿岸浅海区作为沉田而人工养殖蚝蛎的，沉田养蚝已经有千年历史。

　　到了20世纪五六十年代，受激进思潮的影响，以及经济利益的驱使，养殖单位为追求最大经济效益和政治资本，大量扩展养殖面积的同时，不断增投附着器数量，却忽视了海区的负载能力，出现了无序的超负荷养殖。

　　而在此际，一海之隔的日本却后来居上，牡蛎养殖迅速发展起来。该国自从20世纪50年代初发明了筏式和延绳式养殖技术后，牡蛎养殖从岸边推向浅海甚至深海，养殖面积和水深都大为增加。这种养殖技术先后推向其他养殖国家，推动了世界牡蛎养殖的发展。

　　1978年12月，党的十一届三中全会召开，中国确定开始实施对外改革开放。是年，国家水产总局组织中国渔业协会牡蛎考察组到日本考察，沙井公社副书记陈造崧和沙井蚝业的几位骨干也随同前往，沙井人

沙井蚝文化博物馆内的筏式吊养蚝情景展示。所谓"筏式吊养"，是一种用于浅海或深海的养殖方式。即在海水域与潮间带设置浮动筏架，筏上挂养对象生物，在人工管理下进行养殖生产，适用于规格化商品的生产。沙井于20世纪70年代末开始在蛇口海域试验吊养，又派人前往日本学习相关技术，获得成功，蚝业发展进入新的历史时期（阮飞宇 摄）

因此得以从日本学来周期短、产量高、操作更方便的"筏式吊养"方法，在蛇口开展浮筏式吊养试验。第二年，"筏式吊养"试验成功。以后，才将养蚝区扩展到深海区养殖。

深海区养蚝，由于采用吊养方法，解决了以往只能在浅海滩涂养蚝的局限，不需要将附着器沉到海底，故不一定以"沉田"来养蚝。而且，这种养殖方式因离岸海域水质良好、养殖区域开阔，便于日常管理及维护。自此以后，沉田养殖就渐渐被"筏式吊养"所代替，出现筏式

黎榜林，1935年10月出生，沙井黎屋人。14岁开始到下涌蚝船做落船学徒（伙头），三年满师做大工。1958年被保送到江门水产学校学习。1960年毕业后回沙井养蚝，任技术员。曾写成《沙井蚝养殖方法》一书，书稿在"文革"期间被毁。1974年5月任蚝业大队副队长。1976年在蛇口参加水产部南海研究所吊养蚝试验。图为黎榜林（中）当年察看吊养蚝生长情况（程建　供图）

吊养与沉田养殖并存的养蚝局面。

　　所谓"筏式吊养"，是一种用于浅海或深海的养殖方式。即在海水域与潮间带设置浮动筏架，筏上挂养对象生物，在人工管理下进行养殖生产，适用于规格化商品的生产。此养殖方式可以平面养殖，也可充分利用水域空间，进行立体养殖。便于优选水层、合理调整养殖密度、施肥、除害、收获等管理，是利用自然肥力和饵料基础进行藻、贝类不投饵养殖的一种主要方式。

　　我未能亲历蚝场目睹吊养的景象，不过沙井蚝二村陈叶槐的具象介绍，多少还是弥补了我的遗憾。陈叶槐说，以前做蚝，受天气的影响很大，天气不好，收成就差。采用筏室式吊养，受天气的影响很小，而且周期短，产量高，操作更方便。他描述了筏式吊养的情形：蚝排上吊的一根根线下面都是一串串的蚝，一串有十几个，一排有1000多串，退潮时能看到一排排的架子。利用涨潮和落潮海水的自然流动，带来大量的浮游生物，蚝吃得多，长得肥，提高了产量。以前土方法养蚝亩产量不高，一亩田最多收100斤蚝肉，而吊养蚝，一亩可以收到2000斤蚝肉。

产量的大幅提升，对沙井蚝业发展的推动无疑是巨大的。

沙井人养殖牡蛎历来不乏变革意识，由插竹养、瓦缸养到三区养，体现了当地蚝民强烈的创新意识。这种创造创新意识不是封闭式，而

根据采苗时使用附着器的不同，养蚝业内有"竹蚝""石蚝""瓦蚝""水泥蚝"等分类。20世纪70年代，成本更低、效果更好的水泥条成为采蚝苗的附着器主流。图为当时沙井下涌水泥条和水泥瓦附着器制作工地（吴序运 摄）

是开放式的，是善于集各家、集社会之所长的意识。进入20世纪70年代末，伴随着改革开放的进程，沙井人顶着千百年来在蚝蛎养殖领域的重重光环，却不拒舶来的筏式吊养方式，显现的是珠三角海洋文化孕育的沙井人开放包容、革故求新的文化心态。正是这样的心态，确保当地的蚝业一直维持着较高水准的发展。

至此，我们可以发现，沙井人的养蚝史，实际上就是一部我国人工养蚝的发展史。总结沙井人的养蚝方式，基本上就能了解形形色色的蚝蛎人工养殖方法。

牡蛎养殖方法发展到今天，已经多种多样，但根据养殖区域划分，大体分滩涂平养及浅海吊养两大类。

滩涂平养一般在最长干露时间不超过3小时的中低潮区。底质以泥、沙混合为宜，沙占30%～40%，泥占60%～70%。如沙过多，吸热和散热快，易烫死牡蛎；泥过多，牡蛎易被浮泥覆盖致死。适宜水温是4～30摄氏度，海水相对密度1.006～1.026，pH值8～8.6。按附着器不同，滩涂平养又分为块石、插竹、条石、水泥条养殖等方法。

浅海吊养，则适合在深水区进行，有栅架式、筏式、延绳式垂下养殖等方法。

各养殖方法的大致要求如下：

块石：适用于底质较硬的潮下带和潮间带。选用拳石或较大块石为附着器，潮下带排列一般是满天星式，间距5～8厘米的行列式；还有间距4～5厘米，组距2～3厘米的梅花式。

插竹：适宜于流速缓、盐度高、软泥或泥沙底质的内湾。选用1～1.2米长小竹竿，经过防腐和防蛀处理，4～5支为一束，以85度偏角插入涂滩，与潮流方向平行，排列成人字形，间距1～1.2米。

条石或水泥条：有两种排列形式，一种是单株直竖，每4株横排成

蛇口海域适合沙井蚝成长阶段的养殖。1953年，沙井蚝民向宝安县政府申请在南头后海增放石头养蚝，获得批准。后海天后宫保存的清代《蒙杨老大爷示禁碑》，早已不能阻挡沙井蚝民走上蚝业拓展之路。图为后海海面放置的蚝排（吴序运 摄）

行，与海岸呈垂直方向，一直延伸至低潮区下段，间距60～65厘米，行距1.2～1.3米；另一种是4～5株或7～8株搭排成簇，以防被激流冲毁，间距1～1.2米。

筏式：此法适用于干潮时水深4米以上、风浪平静的内湾，筏的大小因地而异。筏子通常用圆木或毛竹扎成5×10米或10×10厘米大小，每筏用6～8个浮桶（每个直径66×115厘米，浮力390公斤），并以锚固定在海底，每一锚绳长度为满潮水深的1.5～2倍，海区中设置筏子的密度为10：1，附着基悬挂在筏子上，吊距40厘米。

延绳式：有较大的抗风能力，适用于外海养殖。它采用1500丝聚乙烯捻成绠绳，全长96米，两头各30米为桩绳，中间36米为浮绠。浮绠上每隔1.4米绑一个玻璃浮子（直径32厘米，浮力14公斤）。浮缆敷设与主流向或主风向呈50～60度偏角，以防附着器互撞。延绳的间距，纵向排距20～30米，横向排距40～50米。附着基可用水泥片、扇贝壳串，吊距50厘米。

棚架式：适用于滩涂坡度较小，干潮时水深2～3米，底质为泥或沙泥、风浪平静的海区。在海底树立木桩或水泥桩，上面用竹、木架设成棚架，棚架的方向与潮水流向呈40～50度角，横架或竖架的间距为50厘米，附着器的吊距为40厘米。

随着现代城市化步伐不断向乡村界域发展，沿海滩涂的利用日益受限，沙井蚝养殖向深海区发展成为必然。采用"筏式吊养"，蚝吊养一次需时60～90天，从竹排采苗开始到育肥收成总共只用2年，且吊养的蚝肉肥体嫩、质高，而传统养蚝则需4年。筏式吊养技术的应用和推广，不仅提高了海域利用率、养殖效率和产量，也为未来的产业转移奠定了基础。

1990年1月12日，宝沙企业公司的蚝系列产品开发被列入1990年国家科委"星火计划"。吊养蚝开始向采苗、养成、育肥全生产方向发展。

1993年5月，为扶持推广立体吊养，宝安区财政局向蚝一村提供贴息贷款25万元。正是政府部门对筏式吊养技术推广的重视，给了沙井蚝业又一次发展机遇。沙井人也很好地把握了这次机遇，不仅大力发展生产，也延续了沙井蚝的品牌价值。

改革开放前，沙井的蚝业比重，不仅占到宝安县蚝业比重的三分之二以上，也占到了广东省蚝业比重的三分之一以上，为国家经济发展做出了突出贡献。这份业界荣誉，在沙井得到了很好的传承：

1978年，沙井蚝厂获广东省科学大会"先进集体"荣誉称号，沙井蚝厂生产的生晒蚝豉、蚝油获广东省科学大会"科学技术先进奖"。

1985年，已改名为深圳市沙井蚝厂的原宝安沙井蚝厂生产的生晒蚝豉，在全国首届水产加工品展销会上获优良产品奖。

1987年，深圳市沙井蚝厂生产的沙香牌蚝油在广东省加工品展销会上获全行业一等奖。

1988年，沙井水产分公司在国内首创成功第一条蚝油新工艺机械化生产线。它在全国首创采用快速管道式预热糊化、超高温瞬时灭菌、真空灌瓶的蚝油加工新工艺，取代了以直火锅或夹层蒸汽锅为主的老生产工艺，使生产形成流水作业线，实现机械化、连续化。生产加工效率比原工艺提高7倍以上，有效提高产品质量和数量，具有国内先进水平，被誉为沙井蚝业创造的第二个全国第一。

1991年4月，在第二届北京国际博览会上，经来自世界各国几十位相关行业的评审专家评鉴，40多个国家和地区的参展单位共同监督，沙井出品的"沙香"牌调味蚝油荣获金奖。这是全国蚝品类商品在同一档次的国际博览会上获得的第一个金奖，被誉为沙井蚝业创造的第三个全国第一。"沙香"牌调味蚝油因而获得了国内外调味蚝油市场销售量上多年雄居第一的稳固地位。在广东、上海、北京、江苏、浙江、天津、云南、四川等省市，"沙香"牌蚝油占了当地蚝油销售量的"半壁江山"。在香港、澳门、新、马、泰、印尼以及欧美等海内外市场，沙井蚝油也占了国内蚝油出口总量的一半以上。

在沙井蚝油扬名东南亚的进程中，有一个人值得沙井人记住。她就是时任中国第一家对外经济律师事务所——深圳对外经济律师事务所律师的陈健女士。

2016年8月30日，刚从广西结束了"1+1"法律援助志愿服务的陈健律师，领我走访了蛇口湾厦村。当年的海岸线在哪儿，蚝排在哪个位置，她童年住过的房子在哪儿，一一指点给我看。在附近的一家湛江餐厅，陈健律师给我讲述了一段连沙井人也未必知晓的往事。

　　原汁纯蚝油，原先是利用鲜蚝汤汁以传统直火加热熬炼而成，一斤鲜蚝汤汁方能熬出一两，产量低，无法满足市场需求。于是，便有了调味蚝油。但是，不论是手工还是机械生产，都难以完善解决如下难题：一是消毒加热糊化时间长，易造成产品体态分层结块，影响外观；二是长时间加热导致营养成分易受破坏，影响风味；三是半成品长时间暴露于空气中，易受污染而报废。1984年，已当上沙井水产公司经理的陈沛忠，向银行借款60万元，立项开展"蚝油新工艺机械化生产线"的研制。由深圳市水产公司张立中等高工负责设计，1988年，在国内首创采用了快速管道式预热半糊化、超高温瞬时灭菌、真空灌瓶蚝油加工新工艺，实现了机械化和连续性作业。图为沙井蚝油生产车间（阮飞宇 摄）

　　20世纪80年代后期，沙井蚝油尝试挺进东南亚市场，而此时，该市场已有一陈姓香港商人注册了沙井蚝商标。沙井本土出产的蚝油，在装潢上与香港商标有诸多雷同，尤其是很巧合地均采用了特别放大的繁体"蚝"字，存在侵权的嫌疑。彼时，我们国家涉外商标法刚刚施行，陈姓港商找到陈健律师，拟起诉沙井蚝油厂商。

　　陈律师本身也是宝安人，自幼听闻沙井蚝的名声，便从专业角度规劝港商，他的商标虽被准许注册，但沙井人使用在先，他注册在后。且注册的是"沙井蚝"文字，蚝的图形仅是装潢，不受法律保护。最关键的是，沙井养蚝至少已有几百年历史，对沙井蚝相关商标有优先权，免责使用，若港商执意提起诉讼，并无胜算。港商掂量再三，最终听从了陈律师的建议，打消了诉讼念头，并重新注册了商标。

沙井蚝人可能并不知道，自己开拓海外市场的商旅上还发生了这么一段插曲。在唐冬眉、申晨撰写的《守望合澜海》一书，我读到了沙井水产公司经理陈沛忠的一段回忆。1990年，陈沛忠陪同市水产公司领导前往印尼考察，开发沙井蚝油营销市场，途经新加坡时，发现当地华人经营的某大水产公司，销售的竟然是"沙井蚝油"。一了解，才知道是一港人假冒的。陈沛忠当时还纳闷，"不知是'沙井'的牌子硬，还是别的什么因素起作用，市情一直看好。"

陈沛忠应该庆幸，是陈健律师专业的法律意见，为沙井蚝油进入东南亚市场扫清了障碍。须知，假如港商没有及时得到劝止，而是刻意搅局，提起诉讼，由于其商标合法注册在先，可依法提出申请，要求海关冻结沙井蚝油出口。姑且不论应对诉讼需要耗费多少精力财力，即使诉讼进程顺利，且判决结果对沙井有利，至少也得等候两年以上，才有可能解冻。两年的市场禁入，对于刚起步，亟须拓展销路的沙井蚝油来说，这样的阻击战是消耗不起的。

异地养蚝

流浮山，是与深圳湾公园隔海相望的香港渔村。由罗湖过境，坐西铁到天水围站再转乘65K巴士，总站下车，就到了流浮山海鲜街。这是一条很短的街，像一条窄窄的巷子，两旁是各种海鲜大排档。一路走进去，还有很多卖海味干货的档口，有点像广州的一德路，当然规模要小得多。

海鲜街所在的地方，是香港元朗厦村，村中经营海鲜酒楼的，几乎都是沙井人。由于数量众多的沙井人存在，此地俨然成为沙井离村，这也是程建学长推荐我前来探访的原因。

历史上，远自宋朝已有大批居民落籍元朗，目前可知的以邓氏家族和文氏家族（文天祥后裔）为先。清光绪年间，由于沙井蚝名声在外，邓姓地主雇请沙井蚝民前来此地养蚝，自此为开端，前来此地的沙井人越来越多，竟发展成沙井离村。据程建学长提供的数据，中华人民共和国成立初期，沙井人口2万多，到了改革开放初期仍是2万多，目前常住人口也不过3万而已，但香港的沙井人竟达6万之众。这表明，这些年繁衍的沙井人，大多流向了香港，他们到香港的第一站，通常选择厦村。他们在厦村一带经营海鲜酒楼、养殖蚝蛎，使流浮山成为香港本地人最为青睐的海鲜饮食胜地。沙井蚝民为香港养蚝业发展做出的贡献是不言而喻的。目前，香港新界蚝业协会就设在厦村。

沙井离村的存在，显示沙井人骨子里富有开拓进取、开疆辟土的基

在香港，提起养蚝业，人们首推流浮山。清光绪年间，由于沙井蚝名声在外，香港新界厦村的邓姓地主慕名雇请沙井蚝民前来此地养蚝，自此为开端，前来厦村的沙井人越来越多，竟发展成沙井离村，厦村所在的流浮山海域，也逐渐发展成香港主要的蚝业生产区域。如今，在流浮山从事海洋养殖和海鲜经营的，绝大多数是沙井人。图为20世纪70年代流浮山的打蚝场（程建 供图）

因。当年，沙井先人将蚝田拓展到流浮山的时候，可能不会意识到，正是他们这份开拓基因，使沙井蚝在一个世纪后，避免了灭顶之灾。

时间切到1978年11月24日，一个不寻常的夜晚。安徽省凤阳县凤梨公社小岗村西头，社员严立华家低矮残破的茅屋里挤满了18位农民，一次系关全村命运的秘密会议正在召开。这次会议的直接成果是诞生了一份不到百字的土地包干保证书。在1978年，这个举动可谓冒天下之大不韪。

1980年5月31日，邓小平在一次重要谈话中公开肯定了小岗村"大包干"的做法。小岗人的举动先后得到当时国务院主管农业的副总理万里和改革开放的总设计师邓小平的支持，传达了一个明确的信息：农村改革势在必行。

1981年，沙井蚝业大队的改革启动了——全部蚝田蚝塘，均实行了以生产队和生产小组为单位的联产承包责任制经营。历经土地改革、土地集体化、人民公社运动，沙井蚝民们对于土地、海域的使用，又进入一个新的历史阶段。

客观地讲，中华人民共和国成立后，互助组的组建，对于刚获得土地、海田的农民、蚝民来说，解决了生产资源不足的困窘，使贫困蚝民通过生产资源的共享互补得以启动蚝蛎的生产，由此步入发展轨道。人民公社化运动，是在"大跃进"中发展起来的。其"一大二高"（规模大、公有化程度高）的特点，对沙井蚝业生产规模的迅速扩大、蚝业加工集体经济的设立创造了条件，在特定的历史阶段，对促进当地蚝业发展还是发挥了作用。但由于权力过分集中，基层生产单位没有自主权，生产中没有责任制，分配上实行平均主义，也挫伤了蚝民的生产积极性。加上当时是计划经济，水产公司统一收购鲜蚝价格，十几年不变化，深圳刚立市时，一百斤蚝豉收购价才105元，而在同期的香港，则能卖到3200多元。每年鲜蚝销售所获，竟然没法偿还国家的贷款。蚝民的生活越来越不好过。到1978年，出现蚝民逃港潮，至1979年达到高峰，大量的蚝民因为无法生活下去，逃往香港出卖劳力。

逃港潮后，政府反思了政策的制定，再次提出恢复小额贸易，蚝民收获七成卖给国家，三成可自己处理，再加上联产承包责任制的推行，调动了沙井蚝民的生产积极性，这对于品牌价值和营销渠道已日渐成熟、生产却随着逃港潮的到来走向荒废的沙井蚝业发展，无疑是一场及时雨。

而此时的深圳，已在1980年8月26日经全国人大常委会批准，设立了经济特区，大规模的经济建设和城市建设正在这片热土上轰轰烈烈地推进。

　　1984年，沙井蚝田每年都出现不同程度的死蚝现象，瘦蚝持续周期延长，蚝的生长速度明显缓慢，且个体偏小，肉质由白变绿。蚝是一种对环境水质要求较高的贝类生物，这种现象的出现，意味着沙井海域的水质受到了污染。

　　我们通过以下这组数字，不难找到问题产生的根源：1980年，沙井引进的"三来一补""三资"企业仅4家，1983年引进了60多家，1985年超过100家，1991年430多家，1992年逼近500家（489家），1999年达860

沙井步涌桥下的衙边涌，水质发黑，水面净是漂浮着的油污、垃圾。蚝是一种对环境水质要求较高的贝类生物，这样的自然环境，显然难以为沙井蚝的生存提供足够的支撑

（阮飞宇 摄）

多家，2005年超过1400家！而同期，沙井周边的镇乃至整个深莞地区，亦以同样的速度和规模引进各类企业。

"改革开放，招商引资办厂成为一股飓风刮遍整个宝安。大量的企业产生大量的工业污水，通过不同渠道排流到珠江蚝业养殖区的海面，使水质受到严重污染，影响着蚝的正常生长。由于污染严重，部分蚝田无法养殖，蚝田越来越少。"沙井水产公司副经理陈照根2009年9月在接受南方日报记者采访时如是说。

蚝三村居民冼吐霞从十一二岁开始学养蚝，曾经当过村妇女主任和蚝业大队副大队长。她在接受南方日报记者采访时也提到，20世纪90年代以后，珠三角沿岸农业向"三来一补"加工业转移，各种工厂排放的工业废水和生活污水不经处理，直接排入茅洲河，大量垃圾也直接倒入河中。自从茅洲河被污染，海水变黑后，蚝民村的生蚝养殖业遭到毁灭性破坏。原来北到茅洲河口，南到宝安西乡一带，都是蚝民村成片的蚝田，但由于污染，深圳湾和珠江口海域绝大部分水体都不能达到四类、劣四类海水水质标准。蚝三村曾经持续几个月出现死蚝现象，优质白肉蚝和深水放养蚝先死，然后是中小蚝、赤肉蚝以及浅水区蚝。村里甚至不得不卖掉多艘蚝轮，其后数年蚝产量一直连续下降，其他的蚝民村皆是如此。

就这样，随着工业化进程加快和本地发展空间收紧，从20世纪80年代中期开始，沙井蚝田逐年减少，蚝产量逐年下降。1984年，沙井鲜蚝产量1142吨，1985年下降至902吨，1986年下降到648吨，年均下降32.8%。

面对此情形，是像历史上麻涌、虎门一带的靖康蚝那样，因条件变迁而让其自生自灭，还是另寻他路，使沙井蚝继续生存和发展？沙井水产公司和沙井蚝业村民们选择了后者。

沙井蚝 前世今生

蚝三村陈润培提供的家庭老照片（陈润培 供图）

对于绵延了千年的祖传基业，没有哪个地方的人比沙井人对蚝蛎的养殖更有感情了。善于创新，困则思变，历来是沙井人的传统。

时任沙井水产公司副经理的陈照根参与了应对业态变化的决策过程。他和经理陈沛忠请来原蚝业大队书记陈贺苓、劳动模范陈淦池、原宝安水产局副局长陈润培一起研究。他们认为，沙井蚝经过近千年来的生存和发展，已成为知名的国际品牌，此处不留蚝，还有留蚝处。工业可以产业转移，蚝业同样也可以实行产业转移，沙井先人当年到流浮山拓展蚝业的成功，给了他们探索的勇气和底气。经过一番思考，经理陈沛忠拍板，决定先到省内沿海地带寻找适合沙井蚝生长发展的蚝业产业转移点。

20世纪80年代中期起，陈照根等人在广东沿海地区为选择新的养蚝区域努力着。他们组织几个有经验的蚝民，西至广西的沙井、龙门、犀牛脚、北海，东至福建集美，广东饶平、汕头、汕尾、海丰、惠东，以及海南、湛江、阳江、台山、珠海，几乎跑遍了广东、广西沿海凡是有蚝的每一个角落。每到一个地方，他们都详细收集当地海区的水质、温度、含盐度、浮游微生物密度以及污染度等蚝蛎生长繁殖的条件指标系数资料。经过多次考察和分析，他们首先将视线集中在台山市一个叫中门海的地方。这里生态环境优美，水质优良，浮游生物丰富，海水咸淡度与沙井海面差不多，周边方圆上百里未受任何工业污染，很适宜蚝蛎生长。

1991年6月，沙井水产公司与台山市镇海湾当地村民和横山村以松散型合作形式，租用500亩浅滩海域实行试养，正式拉开了沙井蚝业养殖转移的序幕。成品蚝经过化验分析，其形态、鲜味度、营养物质含量、口感等各项指标，都基本与沙井本土养殖出的蚝一样。在获得成功的基础上，他们开始进行蚝业生产的地域大转移，在台山镇海湾以及原来的中门海一带开发出3万多亩养殖海区，至21世纪初，仅台山沿海开发，面积就超过10万亩。

企业行动起来了，蚝民也没闲着。1991年12月7日，根据广东省宝安县民政局"宝民字〔1991〕024号"文件，当时的沙井镇蚝业村民委员会划分为蚝一村民委员会、蚝二村民委员会、蚝三村民委员会、蚝四村民委员会。拆分后的蚝业村的部分蚝民到惠东沿海稔山海区和阳江市阳西海区也开发了多个沙井蚝异地养殖基地，总面积约为5000亩。

与此同时，蚝品生产和销售市场全面放开放活，蚝一村和蚝四村也相继兴建了一座蚝品加工厂，有近10家蚝民也自己出资兴办了季节性的蚝品加工场。沙井人，面对家门口日益恶化的蚝业养殖环境，对未来的经营前景依然满怀信心。

接下来发生的事情，加快了沙井养蚝产业转移的步伐。

在20世纪80年代末到90年代初之间，当时的深圳市政府对宝安区进行了重新规划，沙井海域的蚝田几乎全部被规划成工商用地。

1993年3月，黄田蚝场发生大面积死蚝事件。

1994年9月17日，第16号台风入侵沙井，全镇受浸鱼塘4200亩，320多户民居和11间工厂进水，损失大小蚝排4000多个，直接经济损失2100万元。9月18日，市规划国土局统一征用宝安区沙井镇所辖的九个村委会位于前海、后海、黄田、沙井以及小铲岛等东宝河以东的海域属集体所有的蚝田共33036亩，征地补偿费近37亿多元，该款分期分批拨给镇，镇同样分期分批如数拨给村，村将该款用于建厂房、办实业，发展集体经济，不准用于村民分红。

天灾，又逢大规模城市化建设，沙井蚝业全面转移别无选择。

1995年前后，由于西部港区、高速公路的修建，沙井蚝田开始大面积地迁出深圳。

不过，与通常广泛实施的产业转移工业园建设不同的是，沙井养蚝产业转移主要通过市场"无形的手"来调节完成，并借助政府"有形的手"来加以推动。在蚝民积极应对产业转移的同时，政府的扶持和引导对沙井蚝这一传统、特色产业的再度崛起提供了支持。

在沙井蚝业转移的最初阶段，相关政策的出台发挥了积极的推动作用。1993年，当时的沙井镇政府出台政策，鼓励和支持沙井蚝民走出沙井，寻找新的养殖基地，并投入4000万元，通过贴息贷款的方式给蚝民以资金支持。之后，2006年，深圳市出台了《食品安全"五大工程"政

启动于20世纪80年代中期的蚝业养殖大迁移，是沙井蚝养殖历史上值得书写的浓重一笔。正是这项决策，使在沙井传统养殖区陷入绝境的沙井蚝，获得了重生新机，避免了千年绵延的产业衰败的局面。做出这一决定的陈沛忠、陈照根以及参与决策的陈贺苓、陈淦池、陈润培等人功不可没。至2004年，沙井水产公司正式在台山成立养殖公司，沙井蚝异地养殖走上了规模化、产业化运作之路。图为位于台山下川岛的沙井蚝养殖基地（程建 摄）

府扶持资金管理暂行办法》，宝安区也相应出台了《宝安农产品生产基地建设与政府扶持资金管理暂行办法》，明确提出，对异地养蚝给予资金扶持。

2008年5月24日，广东省委省政府关于推进产业和劳动力转移的政策文件出台后，深圳市委市政府及宝安区采取的一系列推进措施，极大鼓励了沙井蚝民将异地养蚝基地做大做强的信心。2010年，宝安区再度印发《关于扶持沙井蚝业发展的若干措施》，区农业部门连续三年安排蚝业发展资金，从资金、技术、品牌及保障四方面扶持蚝业发展，进一步促进沙井蚝业做大做强，增强市场竞争力，提高沙井蚝业的规模化与产业化水平。

就这样，企业、蚝民与政府共同努力，促成养蚝产业大转移。到了2000年，在本土发展陷入困境的沙井蚝业，在成功实现产业转移后，鲜蚝产量竟然达到120,920担，相当于刚开始产业大转移的1991年蚝产量的5.5倍，创造了沙井产蚝的历史最高纪录。

2001年，沙井蚝业选择台山市下川岛鹰洲外海区租赁了5500亩浅海区作育肥区进行蚝塘开发，当年开发成功。同时在下川岛产海海湾浅海区也租赁了500亩开发养蚝育肥区。

至2003年，在台山中海湾、镇海湾、下川岛沿海一带已开辟出超过10万亩的沙井蚝异地养殖基地，与此同时，在惠东、阳江等地也开辟了2万多亩的沙井蚝养殖分基地。而历史上，沙井本土蚝田最多时也不过6万亩而已。至此，沙井蚝养殖的产业转移已基本完成，95%以上的沙井蚝业养殖已转移到以台山为主的台山、惠东、阳江沿海海区养殖生产，实行异地养蚝。沙井水产公司与当地村民以松散的方式进行合作，由当地村民负责养殖，由沙井水产公司负责收购和销售。蚝品深加工生产、销售总部及全部加工厂则继续设在沙井。

虽然，95%以上的"沙井蚝"都是通过外移基地养殖而来，然而，这些蚝基地不仅没有受到污染，而且海水盐度、温度、浮游微生物、水质等指标都与沙井蚝原始生存地基本一致。同时，因其从采苗生长到加工生产都严格遵循绿色生态原则，仍严格采用沙井蚝的技术标准生产、加工，保持沙井蚝的鲜美、原汁原味，蚝成品品质与沙井蚝也基本一致。沙井蚝出口英国，都是免检，可见它的品质保障得到了认同。

2004年，沙井水产公司正式在台山成立养殖公司，沙井蚝异地养殖自此走上了规模化、产业化运作之路。经过20多年的经营发展，台山养蚝基地已成为沙井蚝业产业转移、异地养殖的最大后方基地。现有镇海湾、独湾、鹰洲外海、中门海、咸围、铲湾围、独石湾略尾7个养殖区，面积达6.3万亩，年产量达5000多吨，占据沙井蚝异地养殖年产总量的半壁江山。

沙井蚝二村的陈叶槐亲历了蚝业迁移的过程。回想当年，迁移的想法很单纯：不能让"沙井蚝"这个世界闻名的品种绝了种！不能让祖宗传下来的做蚝技术失传！陈叶槐是1992年开始寻找迁移地的，在离深圳200千米的汕尾，找到了无污染、水质好，很适合蚝生长的鲳门海，在那里扎根，一扎就是17年，拥有了3500亩的养蚝基地。后来，陈叶槐又把在外地打工的儿子都叫回来，父子4人誓把养蚝业的接力棒传下去。陈叶槐说："如今，政府也很重视蚝业的发展，一年补贴30万元，让蚝民做下去。沙井有我们这么一帮老蚝民，不愿意丢弃祖先留下的产业，我们要搞好自己的产品，把这个品牌保住，不能让蚝业失传，要维护它，这是我们的心愿。"

2004年12月20日，由宝安区经贸局、文化局、沙井街道办共同举办的沙井金蚝节在以"蚝香千年，精彩宝安"为主题的大型文艺晚会中拉开序幕。沙井蚝，成为地方拉动经济、旅游、文化发展的重要推手。通过以蚝为媒，深入挖掘和整合宝安、沙井的历史、文化、自然资源，全面展示都市田园的独特魅力和丰厚的文化底蕴。沙井蚝在沙井社会经济生活中的角色地位，随着金蚝节的举办成为一种传统，进一步得到了确认。

回想金蚝节创办的缘起，程建学长记忆犹新。

2003年冬天，时任沙井水产公司经理陈沛忠来到沙井街道办宣传部办公室，讲他到阳江市阳西县参加程村开蚝节的情况。程建学长深受启

2001年，沙井水产公司恢复"沙井"牌罐头生产，这不仅意味失传已久的"深圳五宝"之一——沙井油炸蚝罐头重出江湖，更重要的是标志着沙井蚝产量得到了提高。沙井油炸蚝罐头与南山桃、大鹏鲍鱼、福永虾米、东门老街云片糕曾是"深圳五宝"，沙井蚝和福永虾米还曾是国家直接定价的两样深圳特产，由于种种历史原因，"深圳五宝"早已鲜有人知。沙井蚝罐头1959年在南头罐头厂独家生产，产品百分百出口创汇。20世纪80年代开始停产。20年后，随着养蚝吊养基地的迁移，蚝产量大幅提升，蚝罐头生产有了充足的原材料保证。为此，沙井蚝产品加工厂专门成立生产试验科研小组，利用原有生产设备，研制出了油炸蚝罐头、原汁清汤蚝罐头、软包装蚝罐头等品种，风味不输当年，工艺还有所创新。图为沙井蚝文化博物馆展出的2001年"复出"的蚝罐头（阮飞宇 摄）

发，便和时任沙井镇委宣传部部长赖为杰商量，建议向宝安区政府打报告，举办沙井的蚝节，利用节庆活动推动蚝业发展，宣传地方文化。报告送上去后，马上得到深圳市旅游局、宝安区政府的重视，不久就决定从2004年开始，举办沙井蚝节，以后作为一种文化节推广开去。

刚开始酝酿文化节的名字时，有人主张叫沙井蚝文化节，也有人主张叫沙井开蚝节，这些名字都不够响亮。后来有一老蚝民认为，沙井蚝的突出外形特征就是色泽金黄，体大饱满，状如金元宝，他提议就叫"金蚝节"吧！这一提议得到了政府部门和公众的认可，于是就将第一届沙井蚝节定名为"沙井金蚝节"。

至2016年，一年一度的"金蚝节"已成功举办了13届。这些年来，"金蚝节"文化活动内容越来越丰富、越来越精彩，已经成为深圳乃至广东省的旅游文化品牌。2007年，"沙井金蚝节"被升格列入广东省旅游文化节。同年，沙井蚝民生产习俗被列入深圳市非物质文化遗产项目。

沙井金蚝节连年创办，让沙井蚝恢复了生机和活力。沙井水产公司经理陈沛忠用蚝界经常讲的两句话，概括了沙井蚝发展前后对比："以前是养殖在沙井，加工在蚝场，市场在省港（广州和香港），名声在外（用的是别人的品牌）。而今，沙井蚝异地养殖、加工在沙井，市场在沙井（许多人慕名而来），品牌也在沙井。"

目前，以沙井水产公司、新蚝乡蚝油食品公司等为代表的蚝业企业，异地养殖海域总面积已超过26万亩，产量达到27多万吨，从业人员接近5000人，间接带动当地相关产业的发展，创造年产值达到近4亿元。

实现蚝业生产养殖的区域性整体产业转移、异地大区域养蚝获得成功，不仅使沙井蚝业生产得以延续并得到较大发展，还带动了当地养蚝业的大发展。这种模式在全国是第一次。至此，沙井蚝业已在全国创造了四个第一。

千年蚝乡，生机依然。

1946年1月出生的陈仲权，曾任原蚝三村15队队委。15岁那年，坐着卖蚝的船去过一次香港。当时，有很多人留下了。陈仲权不愿意留在那儿，想着家人都在这边，担心被贴上"逃亡户"的标签。

1979年，香港"大放河口"（开放边境）的时候，家里五兄妹一起坐船过去领身份证。陈仲权不想过香港去打工，又挂念孩子都在家，便对兄妹说："你们去领吧，我要看着船。"其他兄妹在香港领了身份

2016年12月22日，沙井金蚝美食文化节演出现场。文化搭台，经济唱戏。沙井蚝，已成为地方拉动经济、旅游、文化发展的重要推手。通过以蚝为媒，深入挖掘和整合宝安、沙井的历史、文化、自然资源，全面展示都市田园的独特魅力和丰厚的文化底蕴。沙井蚝在沙井社会经济生活中的角色地位，随着金蚝节的举办成为一种传统，进一步得到了确认

（程建 摄）

证，后来把所有蚝场都给了陈仲权，陈仲权就请人来帮忙做蚝。

做了45年蚝，没干净的海了，陈仲权只好退休，帮侄儿看管在台山那边租的蚝田，每过去一次待三四天或一周。如今的陈仲权身体还不错，业余时间打麻将、扑克，有时去旅游，居委一年总要组织三四次。每个月的1号，老人中心都请喝早茶，每年到老人节的时候，村委还请吃饭、派利是。两儿两女都住在沙井，经常回家看望二老。

"现在，几个兄妹在香港都不如我的日子过得好。首先是住房，香港的房子太狭窄，没有这里宽敞。" 陈仲权缓缓说道，透着一份满足和安详。

沙井人在南澳、**内伶仃岛**等多处**深圳海域**进行蚝类**人工养殖**研究，**成功培育**出了与原产**沙井蚝**十分**接近的产品**，但由于**成本**过**高**等原因**没能大面积推广**；在海上田园近**珠江口一带**，从2004年开始设置封闭式的**养殖基地**，成功利用**红树林**处理水质后，进行**沙井蚝封闭式**人工吊养**实验**，出产的**沙井蚝**达到了**无公害标准**，品质与原来**沙井海区**养殖的**蚝相当**。

第九章

重回故里

传承之忧

异地养殖令饱受城市化进程冲击的沙井蚝避免了灭顶之灾。从20世纪90年代开始，深圳人吃到的"沙井蚝"95%以上都是外地养殖的生蚝，本土的沙井蚝已近停产。

依仗历史上兴盛的盐业、养蚝业，沙井曾是深圳西路最为富庶的乡村，以至旧时的粤剧戏班都必须先在沙井登台，才能到他处巡演。随着深圳经济特区的奇迹崛起，沙井的风头被特区建设的飞速发展所掩盖。但也恰恰是因为特区的发展，带动了沙井的巨变。曾经的岭南古镇，如今已是高楼林立，人们的生活环境和生活方式也今非昔比（阮飞宇 摄）

在台山等地养殖的"沙井蚝"，虽然加工地依然是沙井，但严格说来只能算是一种贴牌产品。由于缺乏沙井一带独具特色的生长环境，与本土原产沙井蚝肉质乳白、清甜鲜美相比，异地养殖的"沙井蚝"纵然通过沙井技术标准、品质标准操作，尽可能保持了本地原产蚝的品质，可是观感上颜色稍显灰白，口感上稍显酸涩的瑕疵，终究难以完全避免。

尽管一年一度的"金蚝节"仍照常举办，但相当长的一段时间里，深圳食客吃到的都是外地转运回来的生蚝。长此以往，"沙井蚝"这一品牌的原产地优势，必然会逐渐丧失。

与原产地问题伴随而来的，还有养殖技术传承的问题。

丰泽园，是如今沙井蚝三村人聚居的城市花园。开着奥迪车、住在洋楼里的年轻村民阿福，接受南方都市报记者采访时，提起养蚝，满不在乎地摇头摆手，宣称目前村民全部已经洗脚上了蚝田，只有少数村民还在买蚝加工，但大部分村民像他一样，做着跟蚝无关的工作。有的在村里的合资厂上班，有的建楼出租，有的做些小本生意，如今的沙井蚝业村，跟深圳其他城中村已经没有两样。

对祖传产业深怀眷恋的，大多是老一辈蚝民。

蚝三村的陈仲权说："现在的生活跟过去比那是一个天上一个地下。但是，也许是老了的缘故吧，在我心里还是很怀念当年做蚝的日子。"

陈仲权有一条船在蛇口，2.9米宽，10多米长，十几年前装起来的，后来换了一个小马力的。还有一个船牌，有人想跟他买，陈仲权说，可以给你用，但不能卖，我要留给自己做纪念。

这份眷恋，给老蚝民依稀带来几分怅然，旁观者感受的更多是唏嘘。

　　沙井蚝民投放驳种采蚝苗的劳动场景，由深圳本土已故摄影家何煌友先生于1972年拍摄。风里来，雨里去，不分隆冬，无论酷暑，整天泡在海水里，摸爬在滩涂上，劳作的艰辛，使许多老蚝民被问起当年时都不愿回首。这样的苦头，年轻一代的沙井人还有多少人愿意体验（何煌友　摄）

　　蚝三村原村民祖祖辈辈以养蚝为生，由于历史原因，蚝民们没有属于自己的土地，800多人散居在沙井各地。20世纪90年代以后，蚝三村利用政府征用蚝田的补偿款，在周边农业村庄购买了10多万平方米的土地。2002年，蚝三村建起了3万多平方米的厂房引进外商兴办企业，集体资产在3.5亿元以上，人均分配达到了1.5万元。蚝三村的现状，与当年的渔耕、蚝耕时代已经渐行渐远。虽然，蚝三村有关负责人一直强调，在发展集体经济的同时，会继续保持传统的养蚝业，但对于已洗脚上田、本土已经没有蚝田、依靠集体厂房营收的"前蚝民"来说，这种"保持"，很难回复到过往的辉煌。而且，年轻人就算愿意承传祖辈的衣钵，在本土已然没有了驰骋的疆场，只能背井离乡创业。但有这种想法的年轻人显然不会太多。

年轻人不愿继续蚝业经营，直接的后果必然是沙井人绵延千年的养蚝技术的失传。

也有一些在深圳从事蚝业的经销商认为，随着现代科学的发展，生蚝吊养技术越来越成熟，沙井蚝和别地养蚝的技术差别越来越小，沙井蚝唯一的优势不过是千年流传下来的老品牌。

对此，老蚝民陈润培坚决不认同。曾任宝安水产局副局长的他认为，现在养蚝的技术虽然大同小异，但是蚝从养种、成长到成品的过程，需要选择什么样的咸淡水养殖，必须靠经验判断。与别地不同，沙井蚝要经过取种、长大、育肥，一只小小的蚝要养四五年才能开蚝上市。

尽管这样，世代相传的养蚝技术面临着失传的危险，还是让陈润培忧心忡忡。

陈润培说，养蚝的辛苦不亲身经历难以想象，现在村里的年轻人没人能吃这种苦。就算异地养蚝，养蚝劳动力还得靠外地人，只有他们才愿意泡在海水里，从事最艰辛的工作。在这个过程中，沙井蚝原来独有的技术和经验不可避免地会流失。

深圳蛇口后海湾厦村的郑金玉和丈夫陈志昌当年也是村里的养蚝能

手，还承接当时深圳有名的南海酒店、泮溪酒家、西南饭店，以及大名鼎鼎的"海上世界"——"明华"轮的鲜蚝供应。1984年1月26日，邓小平同志视察蛇口时曾下榻"明华"轮。那天，郑金玉跟往常一样凌晨3点就下海推蚝、开蚝，六七点即挨家送货。后来，从厨师那里得知自家产的蚝有幸成为小平同志的品尝对象，如今，30多年过去了，郑女士依然难掩内心的激动，为当年"海上世界"的厨师草率地把蚝壳处理了，未能给她留下一份珍贵纪念而遗憾。可一提到当年养蚝劳作的艰辛，大冬天仍要潜入冰冷的海水里捞蚝、搬蚝，郑女士原本神采飞扬的脸色骤然暗淡，两眼泛潮，不停摇头，不愿多提。

沙井水产公司经理陈沛忠，是蚝业生产养殖的区域性整体产业转移践行者。对于技术的传承问题，他只是强调：沙井蚝既是沙井的本土品牌，也是一种产品的技术标准和品质标准。沙井水产公司在异地养殖的蚝，最后收购时都有严格的检验标准与方法，通过质量上的严格把关，力求达到甚至超过原来沙井蚝的品质。

愿望是美好的。但很显然，在当前的情形下，技术的传承，须得突破传统的囿于地域、基于亲缘关系的代际相传的模式，只有将这种传承放置在产业发展的大格局里考虑和实施，才有可能实现。走出去了的沙井，已经不再可能仅仅是沙井人的沙井，而应是世界的沙井。只有怀揣这样的胸怀，沙井养蚝的技术标准和品质标准才有可能继续发挥作用，沙井蚝的品牌，也才有可能维持或者超越历史的荣光。

如何保持传统养蚝业？如何突破蚝业发展的瓶颈谋求发展？如何维护"沙井蚝"品牌？对这一系列问题，完美答案，依然在路上。

沙井蚝 前世今生

寻路回归

"让沙井蚝重回深圳！"

这个答案，看起来很美。但是否真的美，不在于喊得响亮，而取决于这个构想能否落地实现。

"从沙井千年养蚝历史看出，历代蚝民一条重要经验就是要创造，要创新，没有这个灵魂，也就没有今日的沙井蚝！"陈沛忠说。

创新，是沙井蚝业的发展之本。从逻辑上讲，凭借创新，沙井蚝既然能走出深圳，同样凭借创新，应该能够重归故里。

随着近年来绿色环保产业的发展，"让沙井蚝重回深圳"已经不再是梦想。

为了实现沙井蚝在深圳本地的人工养殖，前深圳市农业和渔业局联合市水产检测中心、南山海洋科技公司等多家单位，对本土养殖沙井蚝进行了多次尝试。

由于沙井原有的蚝田多数已被填埋，周边水质已无法进行蚝类养殖，相关部门经过多方考察，在南澳、内伶仃岛等多处深圳海域进行了蚝类人工养殖研究。最终，养殖基地成功培育出了与原产沙井蚝十分接近的产品，但由于成本过高等原因还没能大面积推广。

让沙井蚝真正回归深圳人的生活，对深圳水产科研人员和沙井人来说，任重道远。

曾任宝安水产研究所副所长的佘忠明，参与过和中山大学、中国水

位于深圳宝安沙井的海上田园，为深圳市和宝安区政府重点投资建设的大型生态文化主题旅游景区。景区共分十大部分：水乡风情寨、水上新村景区、戏水乐园景区、生态文明馆景区、度假村景区、基塘田园景区、金色年华景区、绿色文化雕塑景区、田园密林区、生态生产区。在城市化持续推进的当下，景区里展示的水乡田园风情，使之成为沙井人延续过往乡土记忆的最后家园（邹扬科 摄）

产科学院南海水产研究所合作的国家863计划项目——"滩涂海水种植—养殖系统技术研究"。他们从2004年起，就开始在红树林保护区、沙井海上田园近珠江口一带设置封闭式的养殖基地。在这些室内养殖池里，通过种植特殊红树林，吸收水域污染物，模拟出接近于沙井原来生态的环境。养殖人员通过人工调控水的盐度、温度等方式，为沙井蚝建立一个接近于原生态的自然环境，取得了良好效果。

成功利用红树林处理水质后，就可以把在任何地方养殖的近江牡蛎放在人工大棚里进行封闭式吊养，供给干净的海水和营养物质，帮它们"排毒"。这样养殖的沙井蚝达到了无公害标准，其品质达到了原来沙井海区养殖的品质。

在宝安中粮商务公园的写字楼里，我见到了如今已是深圳华盛丰农业科技公司总经理的佘忠明。据他介绍，目前水产养殖水处理主要有物理法、化学法和生物法等技术措施，其中生物处理技术强调生态系统中分解者、生产者、消费者的动态与合理的平衡，保持养殖水体水质良性循环，被认为是养殖水处理的发展方向。2004年10月他们在净化后的水域吊养近江牡蛎，2005年开始收获，经过120天育肥，单个牡蛎出肉量由27克增加到45克，平均每个牡蛎增重18克，牡蛎肥满呈牛奶色，达到优质沙井蚝标准。

可惜，由于多方面原因，红树林净化水质养蚝的科研成果迟迟未能落地推广。

目前的产业转移，缓解了沙井蚝的生存危机，但从长远发展来看，无法从根本上解决问题。所谓沙井蚝，并非独有物种，它其实是日本及我国南北沿海皆出产的近江牡蛎，只不过沙井所产得到广泛认同而形成名牌效应，成为地理标识而已。如今采用沙井养殖技术寄养他乡，出产品质不输土生土长的沙井蚝，这既是沙井蚝的幸事，但也预示着不利的前景。一旦沙井技术得到推广，各地蚝民的商业意识唤醒，纷纷以沙井技术培植本土品牌，必然对沙井蚝的市场和品牌价值构成威胁。2010年12月，阳江市及其属下的阳西县分获"中国蚝都"和"中国蚝乡"称号。受国家地理标志产品保护的阳西"程村蚝"，与沙井蚝同属近江牡蛎，养殖史据说也有500多年了，后来居上之势不可忽视。历史时隐时现的诡异轮回，让我们无法摆脱这样的猜想：大约400年前，明末清初之际，靖康蚝行将被归德蚝取代之前，今日东莞麻涌人的祖先面对这种此起彼落的迹象，是怎样的一副心态？是否有过足够的警醒？是否有过扭转趋势的努力？

一个品牌，一个物种要长久发展，必得有独占的核心元素。以目前发展趋势来看，技术终将不是核心，品牌也同样无法成为持久的核心，毕竟有机商品的品牌有其特殊性，其价值对产品的依附度极高。唯一可以成为核心的，是沙井独有的生长环境和此环境衍生的物种。

沙井目前的环境已经无法出产健康、无公害的沙井蚝，即使水质经过净化处理，其养殖规模也不可能恢复到以往的程度，从经济效益角度衡量，让沙井蚝的传统养殖全面回归不是未来发展的方向。但水质净化技术的出现，还是昭示了一个值得期待的前景，那就是蚝苗的人工培育。

近年来基因技术研究风生水起。中国水产科学研究院南海水产研究所的苏天凤等人曾对粤西镇海湾的近江牡蛎基因序列变异进行过分析研究，发现其核苷酸多样性指数仅为0.00036，平均核苷酸差异位点数为0.148，二者均相对偏小，据此推断其遗传多样性相对较低。这意味着这一物种对所生存环境的抵抗性降低，灭绝风险趋大，以人工干预实现物种保护已是时候。

近江牡蛎是一自由交配的杂型群体，一直是以野生种苗作为养殖对象，然而随着环境污染的扩大化，野生种苗的日益减少是难以逆转的发展趋势。为此，佘忠明提出，应划出沙井蚝种质保护区，在沙井蚝业传统的采苗、培育区——小铲、黄田一带，利用净化蚝塘培育蚝苗，凭借其遗传基因的稳定性，可使这一区域的地方名产得以真正意义上地长久保护。由于蚝苗养育无须占用太多面积，一瓶矿泉水大小的空间就能存活几亿的种苗，这也使得将这一项目规模化、产业化成为可能。我曾走访过广西容县名产沙田柚的原产地，在当地已难以找到本土出产的沙田柚，随处可见的是沙田柚树苗的种植，村民从树苗的经营中实现了更为理想的效益。

蚝苗采育的产业化，为打造沙井蚝苗品牌奠定了基础，而蚝苗一旦贴上了沙井标签，不管移殖在何处海域，都是其沙井基因的延续。历史上，日本九州岛的熊本地区曾是熊本蚝的产地，因日本海水污染，几近绝种，1920年被引进美国，在加州、俄勒冈和华盛顿海湾一带培育多年得挽救，在西海岸开始繁殖，如今成为美国最著名的生蚝品种之一。这说明只要掌握了沙井蚝苗这一源头，其养殖的空间是无比巨大的，市场的前景不可估量。

目前沙井蚝处于异地养殖、粗加工阶段，很多工序还是以手工为主。真正在本地养殖的只有少量虾塘内育肥的沙井蚝，但数量较少。除了资金、技术，当地蚝民现代管理和经营理念的缺乏都成为蚝业发展的瓶颈。作为深圳的传统特产，沙井蚝养殖目前的总产值与其历史地位还不相称，沙井蚝从生产—加工—推广—销售，整个过程离科学化、产业化规模尚有一定距离。这其实是深圳资源的一种极大浪费，但基于当下多方关注和努力的现实，却也意味着未来这一领域拥有巨大的发展空间。

根据深圳当下的城市发展规划，沙井蚝大规模的传统养殖已经可以宣告成为历史。谈到这个话题，曾任蚝三村党支部书记的陈振良也深表遗憾："要说蚝，基本上定局了。千年的养蚝史，闻名世界的沙井蚝，著名的产业，被摧毁了。一路过来，南头、蛇口的生长区没有了，西乡、黄田的取苗区没有了，沙井的寄肥区没有了。原来蛇口还可以吊蚝的，深圳湾大桥建起来，就完全没有了。我们的政府也要反省一下，光发展不治理污染，结果把一个产业给弄没有了，可惜啊！"但现实真的如此令人绝望吗？其实，传统养殖的消亡，并不代表沙井蚝的回归之路被完全堵死。

今日深圳的发展为世界瞩目，但每一个抵临这里的人，总有意犹未尽之感。毕竟，一座有底蕴的城市，呈现给民众的不应该仅仅是经济发展的成就，更要有文化的内涵。这种文化感，思想层面固然有特区精神，历史层面也有大鹏所城，但要么较为形而上，要么难以为普罗大众接受，缺乏一种既有历史感又具生活味的特质，很难成为宣传这座城市形象，便于口传手递的载体。人们游历北京，除了为其历史文物所折服，尝尝炸酱面，品品豆汁儿，可以体验这座城市特有的味道；走进上海，除了感受其繁华，还可试试当地花样繁多的本帮点心，临走捎上几件工艺特产作为手信。而到了深圳，很难找到这样的感觉。面对这种窘境，沙井蚝及其制品大可成为破解格局的选择。作为深圳本土为数不多、历经千年的物产名片，沙井蚝完全值得成为这座城市闪亮而独特的文化存在。

在佘忠明的构想里，沙井蚝的回归，应该是这样的路径：

一是启动沙井蚝种质保护区。通过产业化运作，部分蚝苗满足本土养殖需要，部分寻求异地养殖。此举功在当代，利在千秋。经服务于生物科技、知识产权领域的陈健律师热心反映，国家基因库获悉了沙井蚝的生存近况，也建议将沙井蚝列为深圳特有物种加以保护，呼吁有兴趣的企业或组织参与合作。

二是打造生态展示区。大规模恢复传统沙井蚝虽然不现实，但营造有条件养沙井蚝的人工养殖池，技术上已切实可行。把天然养殖塘建成室内室外两部分，以调控雨水量，保持海水浓度，再利用红树林净化水质，形成人工循环，使沙井蚝可以一批批地进驻、放养、吐纳、净化，甚至有望达到生食标准，使沙井蚝的价值进一步提升。将此技术进一步推广，让深圳也能建立起多个这样的室内"养蚝基地"，真正百分百本

沙井蚝
前世今生

土出产的"沙井蚝"回归深圳人的生活指日可待。

除了让沙井蚝生食成为可能，从沙井蚝中提炼制造蛋白多肽等生物保健品，也是提高蚝类养殖生产附加值，推动沙井蚝回归深圳本土产业化的发展方向。

让沙井蚝以文化的姿态而不仅仅是经济的姿态回归深圳，是作为水产养殖专家和实践者的佘忠明的期待，也是对这座城市心怀情愫的人们的期待。

为此，深圳可以推出仿照沙井传统的"蚝民居"，建造蚝塘、蚝壳墙等特色项目，让参观者亲自动手参与蚝加工过程，在品尝美味沙井蚝的同时传授养蚝知识，让沙井"蚝文化"真正回归深圳人的生活。

对于沙井蚝的未来，程建学长也有过自己的思考。他告诉我，他们也曾想为沙井蚝申请标准产品的证书，但难点在于本地的蚝田都被国家征地用于重大工程和城市建设。现在，深圳和东莞正联动起来对茅洲河流域进行治理，他们有个设想，希望政府能在茅洲河的入海口，原来沙井蚝的育肥塘，划出10万平方米的海区，作为沙井蚝农业非物质文化遗产保护基地，参照农业部《农业文化遗产保护与发展规划编写导则》及其他部委相关文件，结合沙井蚝自身的文化资源特征，合理规划和发展与农业非物质文化遗产相关的农业文化产业。注重沙井蚝文化产品的生产，包括广播电影电视服务、文化艺术服务、文化信息传输服务、文化创意和设计服务、文化休闲娱乐服务和工艺美术品生产等。

据悉，宝安区政府也有将沙井古墟打造成宝安文化历史旅游品牌的规划，通过保护性开发，深度打造特色蚝文化产品一条街、特色小吃一条街、休闲酒吧一条街、历史风情展示一条街等文化商业街区，构建沙井古墟历史文化风情街区。

可以想见，当每个生活在深圳的市民潜意识里把沙井蚝作为这座城市显著的文化符号之一，每个抵临这座城市的过客把品尝沙井蚝食、捎带蚝品手信作为重要的旅游目标之一，人们在深圳输出的诸多观念之外，还可以真实感受这座城市温软的一面，而不是仅有钢筋水泥浇筑的"石屎森林"，沙井蚝的回归价值，就得到了最大化的体现。

生命基因已逾越千年的沙井蚝，看来真的该回家了。

尾 声

　　穿越沙井闹市，走过古墟巷陌，在沙四社区居委会旧址对面，拐进一条毫不起眼的狭窄巷道，来到桥东五巷，一座规模不大的古石塔便映入眼帘。这就是堪称沙井地标的龙津石塔，是深圳目前发现的最古老的地面建筑之一。粗砂岩材质，外形朴实粗犷，方形塔身，采用圆刀法雕刻，正面为弧形佛龛，龛内浮雕半身佛像，平胸细腹，身披袈裟，手结初佛光泽真言手印。左右两侧字迹斑驳，据说镌刻着佛经咒语，背面则

　　龙津石塔，位于宝安区沙井街道沙四村桥东五巷。据明张二果《东莞县志》载，龙津桥"宋嘉定间盐官承节郎周穆建，桥侧立塔高丈有二尺。旧传桥成之日，风雨骤至，波涛汹涌，若有蛟龙奋跃之状，因立塔镇之"。石塔建好以后，海水立即风平浪静，渡头成了渔民、蚝民和盐民经常驻足的地方，蚝民也常靠这一渡头卸蚝运蚝，逐渐形成蚝市，一直维持至清初。石塔塔座平面是方形，长、宽均为0.56米，高0.29米。塔身亦为正方形，长宽均为0.44米，高0.6米。据当前所知，南宋石塔除宝箧印塔、无缝塔之外，即使在单层塔中，龙津塔这样的方形石塔也是一个孤例。为镇水而建的龙津石塔，是佛塔向风水塔功能转变的早期实例（阮飞宇　摄）

从童年开始，程建就对古老的、历史的、与过去有关的事物特别感兴趣。有一次读到郭沫若在《文物》上写的关于马王堆和兰亭序的介绍，从此更是对考古情有独钟。1979年，程建如愿考入中山大学历史系。后来，中山大学在全国率先恢复人类学系，程建随院系调整转入该系考古专业，是中华人民共和国高等教育恢复人类学系后首批15名学生之一。图为程建（左）大学期间与同学在宿舍楼前合影（程建 供图）

刻阴文款"嘉定庚辰立石"。据清嘉庆县志载，此塔乃南宋嘉定十三年（1220年），归德盐场盐官承节郎周穆为防龙津河水患，在盐场官署旁的龙津河边建造的，迄今已有近800年的历史了，寄托着当年的盐民"宝塔镇河妖"及"风调雨顺"的期望。

与石塔为伴的，还有诸多古民居、古祠堂、古寺庙、古蚝塘、古巷、古墓、古井、古树、古桥……它们构成的沙井古墟，沉淀着这片土地千百年前的繁华景象，默守着深圳这座先锋都市的沧桑过往。这是沙井蚝的故乡，也是程建学长结缘的土地。

1979年，程建考入中山大学历史系。1981年，中山大学在全国率先恢复人类学系，程建随院系调整转入该系考古专业，成为中华人民共和国高等教育恢复人类学系后首批15名学生之一。大学毕业以后，程建到了江南古城镇江。1999年，在江苏文博界已小有成就的程建欣闻深圳宝安沙井广求文物保护专家，毅然投身于这个岭南名镇，皓首穷经追寻这片土地的历史烟云。

回忆起南下沙井的决定，程建学长有自己的理由。"绝大多数文化人，都往中心城市去了，但中国文化的根在乡间，文化人最大的责任是保住这个根，所以我更愿意选择一个小镇为切入口。"

程建学长放弃在江南16年的积累，偏居岭南弹丸小镇，保住了什么？价值几何？

"文物价值的大小不是看它本身的贵重程度，而是看它与所在地区、历史、文化的紧密程度。对一个人来说，自己身边的土地上的文物是最独特的。蚝壳墙对于沙井人的意义就如同长城对于中国人的意义，从这个意义上说，蚝壳墙就是沙井人心中的长城。"程建如是说。

于是，因了程建的切入和保护，沙井，在深圳乃至中国乡镇文物保护领域创下多个第一：第一个成立镇级文管会，第一个公布镇和村级文保单位，第一个制定镇村级文保条例，第一个制定镇村级历史文化保护规划，第一个出版镇级地方志。沙井人对文物保护难能可贵的重视，使一位钟情乡土历史的学人，和一片珍惜自身历史的土地结下了一段良缘。

程建学长说过，他是通过《新安县志》的阅读，知道了原来深圳并不是人们所说的那样是一座一夜之间冒出来的城市，它有它的今生，也有它的前世；知道了它曾属于宝安，属于东莞，属于新安；如今的东莞、深圳和香港都是宝安的孩子，它们是同胞兄弟姐妹，有相同的血缘，有相同的历史，有相同的文化，无论谁缺了谁，都无法重塑出一段自己完整的历史。

而我，从确定沙井蚝选题那一刻起，就极力通过各种渠道探寻沙井蚝的前世今生。在程建学长以及诸多热心人的帮助下，以小小的蚝为切入口，我知道了早在1600多年前，今日深圳这片土地上就有了第一位国家级名人、东晋孝子黄舒；我知道了沙井蚝与龙穴洲的渊源，由靖康蚝、归靖蚝、归德蚝到沙井蚝的名称演变背景和过程；知道了沙井蚝民由何而来、以何为生、从何而去；知道了为什么是沙井，而不是别处，可以创造商品蚝养殖的大格局。

更大的收获还在后头。原来，深圳的移民历史，不是始于改革开

永兴桥，位于由沙井街道拆分出的新桥街道桥头村。康熙年间监生曾桥川建，乾隆五十年（1785年），武生曾大雄、钦赐翰林曾联魁等倡捐重建。1984年公布为深圳市重点文物保护单位，重修后，桥长50米，面阔3.4米，桥洞3个，洞高5余米，全桥用花岗岩砌筑。桥东原有清平墟，旧时周边各地货物都到此交易，然后转运广州、港澳等地。抗战爆发后，古墟式微，现桥头南侧仅存一间炮楼式民居，系旧日当铺。人们难以想象，今日横卧一池塘水的永兴桥，当年还有码头和一座五层高的文昌塔与之辉映，桥下的新桥河与茅洲河汇合注入珠江口，船只如梭，人声鼎沸。如今桥身依旧，河道、码头、文塔却无存。一起消失的，还有沙井昔日的繁华。今人只能从遗存的古街、古巷、古墙、古井和石埠头构成的传统环境要素里，揣摩和追思过往云烟（程建 摄）

放初年，而是由东晋、两宋、明清一直持续下来的状态；原来，深圳的市场繁荣，不是今日骤现的景象，而是早在明清时代，通过沙井蚝的营销，就展露了商品经济的峥嵘；原来，深圳的文化昌盛，不是为摆脱"文化沙漠"的帽子才萌发的，而是发轫于一千多年前黄舒带来的中原孝文化；原来，深圳人创新求变的精神，不是因为特区的创立才衍生的，而是在插竹养蚝、瓦缸养蚝、三区养蚝的漫长演化中积淀的基因；原来，深圳人知难而进的意志，不是伴随特区发展的脚步才形成的，而是在开疆拓土、扩展蚝田、开辟离村的历史进程中生成的传统……

也许，这些，就是程建学长希望保住的根吧。

2017年3月5日，第十二届全国人民代表大会第五次会议在北京开幕。李克强总理在政府工作报告中提到："要推动内地与港澳深化合作，研究制定粤港澳大湾区城市群发展规划。"当天，有关"粤港澳大湾区"的信息瞬间刷爆了微信朋友圈。

面对网络的一片喧哗，程建学长显得很淡然："20年前，我就跟周围的人断言，沙井未来将会成为珠三角的中心。"说这话的时候，他神态闲适，笑意盈盈，眉宇间流露出一份因为了解而萌发的对脚下这片热土足够的自信和自豪。

千百年前，当深圳大部分区域还是山林田野的时候，沙井古墟已经是一片车水马龙的繁忙景象。沙井确实有过属于自己的绚彩过往。时至今日，仿如时光轮回，沙井的机遇，或者说深圳的机遇，是否再度降临？

希望如此。

2016年9月第一稿
2017年3月第二稿

的短篇小说《我的叔叔于勒》。蚝居然还能生吃，这是我没想到的。据说，纽约时报畅销书《厨房机密》的作者安东尼·伯尔顿对食物的热爱，源起于其幼年在法国的一艘船上，尝试了
绵密得宛若一个法国式接吻，有种令人窒息的冲动……”如此诱人的食物，我在很长一段时间里却没有尝试的勇气。直到20世纪90年代末期，某天有朋友请我吃饭。点了一款生蚝，个头
一咬，一种沁凉沁凉的感觉在舌尖萦绕，竟觉鲜嫩爽滑，甘美非凡。打那以后，我总算接受了刺身一类的吃法。那天，朋友告诉我，这是沙井蚝，深圳本土最出名的物产。我当时立刻产
于广东省深圳市宝安区，位于深圳市西北部，珠江口东岸，西濒珠江口，隔茅洲河与东莞市长安镇交界。在2016年12月拆分为沙井和新桥两个街道前，沙井辖区面积有62平方千米。沙井
越人在沙井一带栖息繁衍，靠海谋生。在东晋咸和六年（公元331年）设立宝安县前，沙井一带便开有盐场。周边土民逐渐聚集此地采盐谋生，形成商埠。历史上，沙井最早的名称叫作
下来，是深圳最早的广府黄氏。黄舒的家境虽然贫寒，但受中原文化影响习得的孝亲礼仪从不懈怠。父亲终老后，黄舒在父亲坟旁搭建茅草屋，按孝道的礼仪守孝3年。白天辛苦劳作，
后来，母亲也去世了，黄舒同样守孝3年。当地人由最初的不理解，到最后随着北方移民增多和中原文化传播，终于明白这就是孝道。事迹传到官府，被作为政绩上报朝廷。在那个朝代，
此事：“宝安县东有参里，县人黄舒者，以孝闻于越，华夷慕之如曾子之所为，故改其居曰参里也。” 这是深圳有记载以来的第一位历史文化名人，且是国家级的。到了宋代，参里改
有一个叫云林的地方，陈氏后人就在云林的附近定居生活，这里入海河道多沙，掘井时沙很多，就取地名为沙井。另有一说是南宋末年，宋兵在元兵追击下饥渴难忍，一个将军随即在驻
沙，井水中沙多，故名“沙井”。沙井的海岸线长约2.75千米，岸线平直，坡缓水浅，属淤泥质海岸。历史上，这里的海滩除了盛产海盐，由于人类活动的介入，还非常适合蚝的繁殖。
蚝却风头不减，绵延至今，是深圳为数不多传承下来的地方特色名产，成为深圳一张响当当的文化名片。2016年12月22日，我穿过古朴而喧闹的沙井大街，来到沙井水产公司。在这里，
熟麻利。只见他们一手将蚝身固定住，找准头部后，用撬子三两下便凿开了，随后从蚝口壳缝中用力上下撬之，蚝壳“嘣”一声响，新鲜蚝肉便滑落下来。短短10分钟，成绩好的组合，
井蚝文化博物馆”几个俊逸的绿字映入眼帘，一如沙井蚝与我多年来似知晓却疏离的际遇。走进馆内，室外室内的光差初始让我的视觉稍有不适。待调整过来，我很快被博物馆展示的
一被誉为沙井“首席导游”“比沙井人还了解沙井”的程建先生。2017年元旦前夕，我联系上了程建。程先生是四川人，曾在江苏文博系统工作，后移居深圳，在沙井街道从事文化宣传
世人的视野。进一步接触后得知，程先生20世纪80年代初毕业于中山大学，可谓我的同门学长呢。经学长的提点和梳理，时光的线，一缕一缕地，串起了沙井岁月的珠帘。沙井蚝前世今
西晋灭亡。原先朝中的高官显贵先后南下，在建康（今江苏南京）拥立司马睿建立起东晋王朝。但是，建康当地早就有朱、张、顾、陆等本地大族活动，作为外来人口的北方大族，他们
大族后来发展成世族的，主要有琅琊王氏（王羲之、王献之的家族）、陈郡谢氏（谢玄、谢灵运的家族）、太原王氏、高平郗氏、陈留阮氏（阮瑀、阮籍、阮咸的家族）、高阳阮氏、
有良好的资源优势，山地众多，林木茂盛，资源丰富，风景秀丽，既能获得衣食来源，又能浏览山川之美。正因为此，东晋以来，浙东地区成为世家大族留恋不舍的宝地，他们在此占山
的出现，最终激化成大事件。孙恩本为琅琊人，是孙秀家族后裔。孙秀出身低微，在西晋“八王之乱”的时候服务于赵王伦，成为赵王伦的忠实谋主。后来，孙秀与赵王伦一同被诛，
王司马道子任命为官员。隆安二年（398年），王恭叛乱，孙泰以为东晋快要覆亡，故此煽动百姓，召集信众，获很多三吴地区人民响应。但该事遭到会稽内史谢輶揭发，孙泰遭司马道
，拼命征发徭役。但是，浙东本就大族众多，根本不听指挥，这些任务自然就压在了低级士族身上。低级士族平素饱受大族歧视和排挤，这个时候还要让他们拿出有限的人口编入政府军
的孙恩看准人心不稳，趁机于当年十月起兵反晋。早就受够世族阶层无休止盘剥的浙东民众积极响应，随之反叛者有数十万之众。浙东一乱，朝廷就会丢掉京城的后方，并失去财税重地
，在淝水之战中大败前秦苻坚而名声大噪。北府兵著名将领刘牢之亦被派往浙东协助谢琰。作战之中，孙恩虽然杀掉谢琰及其二子，但是最终被刘牢之以及他的部将刘裕重创，退守海岛
循为主。卢循本是门阀士族范阳卢氏的子弟，是晋司空从事中郎卢谌的曾孙。卢谌是经学名家，曾在石赵朝廷中任职，后被冉闵所杀。到了350年，卢循父祖投奔东晋，属于晚渡江者。
，意指卢循虽体态素雅，却有不守法度之心。当时，东晋改由太尉桓玄当政。桓玄打算用安抚手段使东部局势迅速稳定下来，遂任命卢循为永嘉太守。卢循接受了朝廷的任命，但其部众
平南将军，摄广州事。与此同时，卢循又命姊夫徐道覆攻下始兴郡。次年（405年）四月，卢循派遣使节前往东晋都城建康进贡。当时，东晋大权已落在刘裕手里。朝廷刚刚诛灭桓振领
兵北伐南燕。徐道覆得知消息后，亲自来到番禺，百般游说卢循乘东晋空虚之机袭击建康。卢循本不愿起事，但又无法说服徐道覆，只好同意他的意见。其实，徐道覆在游说卢循之前，
由于赣江水流急，石头多，出船很难，售出的木材大都只能储存在当地，不会流散他方。如此反复，纵然百姓家中木材越积越多，却也没有引起官府任何怀疑。至义熙六年（410年），
守相闻风弃郡而逃。不久，卢循向北方进犯，派徐道覆进攻寻阳（一说江陵），自己准备攻打湘中地区各郡。在长沙，卢循击败了荆州刺史刘道规派出的军队，开进到巴陵，与徐道覆
北回师的消息，顿时面色大变，打算退回寻阳，攻克江陵，占据这两个州来和朝廷对抗。徐道覆则坚持乘胜进攻、与敌军拼死一战。卢循犹豫好几天，才依从他的主张。五月十四日，
趋势，敌人自会在几天内崩溃散乱。决定胜负也就一瞬间的事，贸然开战，既不一定能战胜敌人，又自损士卒，我看不如按兵不动，等敌方来攻。”徐道覆见此，长叹道：“我终将被
建。到了五月二十九日，贻误战机的卢循终于发起进攻，却屡被栅栏所阻，战舰又遭暴风吹翻，死者众多。在南岸列阵交战，再次大败。六月，卢循进攻京口，掠夺各县，但什么都没抢
阳，留下他的部将范崇民带领5000人据守南陵。七月十四日，刘裕派遣辅国将军王仲德、广川太守刘钟、河间内史蒯恩、中军谘议参军孟怀玉等人带兵追击卢循，自己率领大军随后进
治水军，并命建威将军孙处及振武将军沈田子率兵三千，循海道袭取番禺，并于同年十一月攻下番禺。尔后，沈田子又北上进攻其余诸郡。而在卢循败于左里南归广州后，刘裕亦派了
沈田子与孙处联合追击，先后在苍梧、郁林及宁浦三郡击败卢循，后因孙处患病才收兵，卢循得以投奔交州。卢循在交州攻陷合浦郡，并挺进交州治所龙编（今越南河内）。在龙编，
与杜慧度在南津展开决战。《宋书·杜慧度传》记录了这决定性的一仗：“慧度悉出宗族私财，以充劝赏。慧度自登高舰，合战，放火箭雉尾炬，步军夹两岸射之。循众舰俱然，一时
余人毒死，又召集妓妾问谁愿意跟其一起死，响应者寥寥。卢循把那些不愿随死的人全部毒杀，然后投水自尽。杜慧度捞起卢循尸体并斩首，联同卢循父亲卢嘏、两个儿子及李脱等人
定论。本书无意于对这一事件进行评价，抱持客观立场，姑且含混地称之为民变事件。之所以对这段历史不嫌累赘地进行回顾，只因为这场战乱平息后，本书讲述的对象——沙井蚝—
年后，一个叫刘恂的人提到了这段历史。刘恂，河北雄县人，唐昭宗朝为广州司马。官满，上京扰攘，遂居南海，作《岭表录异》，记述岭南异物异事，最多的是岭南人的食物，尤其
短短二十几字，信息量却极大。先说卢亭。卢亭，又称为卢馀，是传说中的一种半人半鱼的生物，居于大奚山（今大屿山，香港岛和珠海万山等岛屿的合称）上，据说是卢循之后。
山与南亭竹没老万山多有之。其长如人，有牝牡，毛发焦黄而短，眼睛亦黄，而黧黑，尾长寸许，见人则惊怖入水，往往随波飘至，人以为怪，竞逐之。有得其牝者，与之媾，不能言
老万山中多卢亭，雌雄一一皆人形。绿毛遍身只留面，半遮下体松皮青。攀船三两不肯去，投以酒食声咿嘤。纷纷将鱼来献客，穿腮紫藤花无名。生食诸鱼不烟火，一大鲈鱼持向我。
实则已退化成为野人。他们椎髻、裸体，语言无人能懂，以采集野生植物和捕捞鱼、蚝等海洋生物为生，可以生食鱼、鳖，在水中生存数日。现实中，历经了东晋之乱，隐居于新安大
疍家人的始祖。出生在澳门海边渔艇上的音乐家冼星海先生，就是卢亭人的后代。刘恂的《岭表录异》还提到卢亭一族的饮食和居所：“惟食蚝蛎，垒壳为墙壁”。蚝蛎，就是牡蛎，
于此；其次，卢亭们以蚝蛎为食，一个“惟”字，道出了包括今日沙井在内的莞邑沿海一带，在东晋末年，野生蚝蛎数量已然可观，可供逃亡此境的卢循余党聊以充饥。至于卢亭用蚝
说明当时的莞邑人没有把蚝蛎当作食品，至少不是常规食品，否则轮不到卢亭这些落荒而逃的朝廷钦犯采食。也只有卢循这些余部，由于他们大多是从浙东沿海漂流下来攻占广州的
程建学长解释道，牡蛎没有附着物无法生存，根据他的实地考察，珠江口东岸，也就是莞邑海岸线多为泥沙质滩涂，极少礁石，蚝蛎生存的自然条件并不优越。古时缺乏航海工具，
卢亭往往以斧揳取壳，烧以烈火，蚝即启房。挑取其肉，贮以小竹筐，赴墟市以易酒。”卢亭的到来改变了当地土著对蚝蛎的认知。按照刘恂的表述，卢亭们用斧头把蚝从礁石上敲
土著接受，人们必然会千方百计创造条件尝试养殖，蚝蛎的繁殖环境由海岛往大陆滩涂发展的历史，也就这样开始了。蚝蛎通识卢亭人赖以充饥的蚝蛎，学名为牡蛎，别名还有蛎蛤、
已发现的有100余种，分布于热带和温带。我国自黄海、渤海至南沙群岛均产，约有20种。已进行养殖的牡蛎种类有：近江牡蛎、长牡蛎、褶牡蛎、大连湾牡蛎和密鳞牡蛎等。养蚝业历
，中间有凹槽，软体藏在里面，右壳（或称“上壳”）较扁平而小，像个盖子盖住软体，无足及足丝。牡蛎贝壳的形状不仅因种而异，而且易受环境影响。如附着物的形状，风浪冲击
动。贝壳运动时，只限于右壳（即“上壳”）作上下挪动。它的闭壳肌收缩时，壳迅速闭合，闭合的力量相当惊人。据科学测定，其力量足以拖动一件大于自身重量数千倍的物体。不
素，主要是海里单细胞浮游生物和有机碎屑，尤喜浮游硅藻类，如圆饰硅藻、舟形硅藻、菱形硅藻和海链硅藻等等。摄食时，除选食物的重量、个体大小外，对食物价值是不讲究的。
，每小时能滤5～22升的海水；有时，能滤达31～34升海水，相当于自身肉重的1500～1700倍。也就是说，每只蚝每天要吞吐数百立升含有各种浮游微生物的海水。　　明代李时珍认为
换。同一个牡蛎个体在不同年份或季节，其性别可以不同。牡蛎的繁殖期，种类的不同也有差异。繁殖季节，大都在本海区水温较高，密度较小的几个月份里，一般是4～8月间，盛期
时调节人体新陈代谢有显著功能。我国培植牡蛎有两千多年历史。牡蛎生成较慢，通常需要养殖3到5年才可收成。在养成条件较好的海区，养两三年也可收成。收获季节一般在蛎肉最
，来到了广州南沙的龙穴岛。龙穴岛是南沙南端万顷沙的一个小岛，面积约2.8平方千米，位于伶仃洋的西北一侧，经焦门、虎门的珠江水从它的两侧注入大海。它西临万顷沙半岛，北
几十米高的山头，其中两个并列在一起，另一个相隔几百米，突起在岛屿的一端。此地青山环抱，绿树成荫，江海茫茫。历史上，岛四周受海潮冲刷，形成众多的海石洞，谓龙宫、
龙穴有九龙飞腾，经臣上村、臣下村，数里而去”。《东莞县志》也记载这里“尝有龙出没其间”。所谓“九龙飞腾”，估计是当时曾刮巨大的龙卷风，卷起九条水柱的自然现象吧。
早在1840年6月的道光年间，英国人曾在礁上建造灯楼，为自己的舰队导航，现礁上有座高20米，至今仍在发挥作用的乳白色灯塔。据《中国航标史》记载，该灯塔建于1915年。中

相关附录

廿四节气"蚝时节"

立春：开蚝、制附着器、捌蚝仔

雨水：开蚝、制附着器

惊蛰：开蚝、制附着器

春分：开蚝、制附着器

清明：开蚝、制附着器

谷雨：开蚝、制附着器

立夏：开蚝、搬蚝仔

小满：搬蚝仔

芒种：搬蚝仔、投放采苗

夏至：投放采苗，扑、捌、拣、屯蚝

小暑：投放采苗，扑、捌、拣、屯蚝

大暑：扑、捌、拣、屯蚝

立秋：扑、捌、拣、屯蚝，屯壳

处暑：屯壳、撒壳

白露：盘蚝、撒蚝

秋分：盘蚝、撒蚝

寒露：盘蚝、撒蚝

霜降：盘蚝、捌蚝仔

立冬：捌蚝

小雪：捌蚝、开蚝

大雪：捌蚝、开蚝

冬至：开蚝为主，捌蚝为次

小寒：开蚝、制附着器

大寒：开蚝、制附着器

——原载2016年5月4日《晶报》

食蚝

（宋）梅尧臣

薄宦游海乡，雅闻靖康蚝。

宿昔思一饱，钻灼苦未高。

传闻巨浪中，碨磊如六鳌。

亦复有泪民，并海施竹牢。

掇石种其间，冲激恣风涛。

咸卤日与滋，蕃息依江皋。

中厨烈焰炭，燎以莱与蒿。

委质以就烹，键闭犹遁逃，

稍稍窥其户，清襕流玉膏。

人言噉小鱼，所得不偿劳；

况此铁石顽，解剥烦锥刀。

戮力效一饱，割切才牛毛。

若论攻取难，饱食未能饕。

秋风思鲈鲙，霜日持蟹螯。

修靼踏羊肋，巨脔剺牛尻。

盘空箸得放，羹尽釜可鏖。

等是暴天物，快意亦魁豪。

蚝味虽可口，所美不易遭。

抛之还土人，谁能析秋毫。

〔作者简介〕梅尧臣（1002～1060），字圣俞，宣城（今安徽宣州）人。因汉时宣城称宛陵，故世称宛陵先生。官至尚书都官员外郎。在北宋诗文革新运动中，与欧阳修、苏舜钦齐名，并称梅欧或苏梅。为宋诗的开山祖师。此诗选自《康熙东莞县志》。

岭外代答·蜑蛮

（宋）周去非

　　以舟为室，视水如陆，浮生江海者，蜑也。钦之蜑有三：一为鱼蜑，善举网垂纶；二为蚝蜑，善没海取蚝；三为木蜑，善伐山取材。凡蜑极贫，衣皆鹑结。得掬米，妻子共之。夫妇居短篷之下，生子乃猥多，一舟不下十子。儿自能孩，其母以软帛束之背上，荡桨自如。儿能匍匐，则以长绳系其腰，于绳末系短木焉，儿忽堕水，则缘绳汲出之。儿学行，往来篷脊，殊不惊也。能行，则已能浮没。蜑舟泊岸，群儿聚戏沙中，冬夏身无一缕，真类獭然。蜑之浮生，似若浩荡莫能驯者，然亦各有统属，各有界分，各有役于官，以是知无逃乎天地之间。广州有蜑一种，名曰卢亭，善水战。

　　〔作者简介〕周去非（1135～1189），浙东路永嘉（今浙江温州）人，进士出身，曾任温州教授、钦州教授、静江府（今桂林）属县尉。

沙井蚝 前世今生

淳熙年间再任钦州教授。后任浙东任绍兴府通判。著《岭外代答》，共十卷。记述包括了宋代岭南地区的社会、经济、民族、风俗、物产、山川、古迹等各方面。

合澜洲

(明) 陈琏

万派清源会合，千层巨浪春撞。
洲尾渔航个个，波心鸟影双双。

〔注〕合澜洲，古为合澜海，处南栅、路东（宁洲）对向长安一线海渚，清后叶沙淤围海成田。旧志载：其上多兰树。

蚝 田

(明) 陈琏

卤潮渍岸渺无边，叠石埋陂碨垒连。
万顷粒山推不去，翻令沧海变桑田。

龙穴洲

（明）陈琏

洲前风起水云腥，满眼波涛似雪明。

欲向矶头吹铁笛，只愁海底老龙惊。

〔作者简介〕陈琏（1369～1454），字廷器，号琴轩，东莞厚街桥头人。官至南京礼部侍郎，曾任南京通政事掌国子监事，为当时著名文学家。

龙穴楼台

（明）吴中

白昼濛濛起烟雾，蜃楼隐跃临江浒。

贸易浑疑蛟室人，往来宛透瀛洲路。

一时幻化何奇哉，时人初见频惊猜。

天风来急忽吹散，沧波依旧青如苔。

〔作者简介〕吴中，生卒不详，字时中，江西乐平人，明天顺进士。历任广东东莞知县、广州知府、贵州布政使等职。

沙井蚝 前世今生

八景诗·龙穴楼台

（清）李可成

海不扬波三十年，蜃楼吐气幻云烟。

楼头景色能千态，市上纷嚣别一天。

蛟室由来频献瑞，瀛洲无计克留仙。

他时还拟探龙穴，好向乘槎学汉骞。

〔作者简介〕李可成，生卒不详，号集又，辽东铁岭人，生于仕宦之家，青年中举，康熙九年（1670年）任新安县知县，康熙十四年卸任。

重修初迁祖野望公墓志

（清）陈秀岳

（陈朝举）立家（东）官归德场涌口里居焉。建锦浪楼于海滨，每天朗气清，风起水涌，浪花雪白，烟景云辉，父子兄弟，凭栏瞻眺，时切源河汇海之思。谱称公于四时八节，未尝不向东而泣。

——摘自清陈秀岳《重修初迁祖野望公墓志》

〔作者简介〕陈秀岳，生卒仕履不详，清乾隆年间人士。

广东新语

蚝，咸水所结，其生附石，磈礧相连如房，故一名蛎房。房房相生，蔓延至数十百丈，潮长则房开，消则房阖，开所以取食，阖所以自固也。凿之，一房一肉，肉之大小随其房，色白而含绿粉，生食曰蚝白，腌之曰蛎黄，味皆美。以其壳累墙，高至五六丈不仆。壳中有一片莹滑而圆，是曰蚝光，以砌照壁，望之若鱼鳞然，雨洗益白。小者真珠蚝，中尝有珠。大者亦曰牡蛎，蛎无牡牝，以其大，故名曰牡也。东莞、新安有蚝田，与龙穴洲相近，以石烧红散投之，蚝生其上，取石得蚝，仍烧红石投海中，岁凡两投两取。蚝本寒物，得火气其味益甘，谓之种蚝。又以生于水者为天蚝，生于火者为人蚝。人蚝成田，各有疆界，尺寸不逾，逾则争。蚝本无田，田在海水中，以生蚝之所谓之田，犹以生白蚬之所谓之塘，塘亦在海水中，无实土也。故曰南海有浮沉之田。浮田者，薽簿是也。沉田者，种蚝种白蚬之所也。其地妇女皆能打蚝，有《打蚝歌》，予尝效为之。有曰："一岁蚝田两种蚝，蚝田片片在波涛。蚝生每每因阳火，相叠成山十丈高。"又曰："冬月真珠蚝更多，渔姑争唱打蚝歌。纷纷龙穴洲边去，半湿云鬟在白波。"打蚝之具，以木制成如上字，上挂一筐，妇女以一足踏横木，一足踏泥，手扶直木，稍推即动，行沙坦上，其势轻疾。既至蚝田，取蚝凿开，得肉置筐中，潮长乃返。横木长仅尺许，直木高数尺，亦古泥行蹈橇之遗也。

香山无蚝田，其人率于海旁石岩之上打蚝，蚝生壁上，高至三四

沙井蚝 前世今生

丈，水干则见，以草焚烧之，蚝见火爆开，因夹取其肉以食，味极鲜美。番禺茭塘村多蚝。有山在海滨，曰石蛎，甚高大，古时蚝生其上，故名。今掘地至二三尺，即得蚝壳，多不可穷，居人墙屋率以蚝壳为之，一望皓然。

——摘自明末清初屈大均《广东新语》

〔作者简介〕 屈大均（1630～1696），初名邵龙，又名邵隆，号非池，字骚余，又字翁山、介子，号菜圃，汉族，广东番禺人。明末清初著名学者、诗人，与陈恭尹、梁佩兰并称"岭南三大家"，有"广东徐霞客"的美称。后人辑有《翁山诗外》《翁山文外》《翁山易外》《广东新语》及《四朝成仁录》，合称"屈沱五书"。其中代表作之一《广东新语》记述广东的天文、地理、矿藏、草木、动物、文化、民族、习俗等方面的资料，当代学者誉之为"广东大百科"。

蒙杨老大爷示禁碑

　　广东府正堂官新安县事随带加二级纪录七次记功三次杨，为贫民遭害禀，叩超怜示禁，次救民命事。本年六月二十二日，据后海乡乡约谢尚志，耆老梁德怀、徐光□（作者注：此处残缺一字）、东秉隆、黄文进等禀称：切蚁等住居后海小村，枕近海傍，滩多田少，靠海养生，自立县迄今，不许载放蚝田，大碍贫民下滩采拾鱼虾、螺蚬等物度日，起见本月十三，突有西路光棍，不报姓名，用船装载蚝种，胆在后海滩处所肆放蚝块。泪思蚁等通乡男□（作者注：此处残缺一字，疑为"妇"或"人"），凡遇潮退，朝夕下滩捡采螺蚬、虾蟹、鸭螺等物。近来饥荒，全赖海滩蟹螺救活贫民。若被强霸放蚝，则一乡村老幼千命，束手待毙，立填沟壑。但乡村小艇往返湾泊，一时遇风，必被蚝壳割断桡缆，船人难保。将来贫民落海，因蚝伤命倾家，祸患无穷，流离失所。蚁等约耆目击心悲，情迫泣叩仁宪格外施恩，大展慈悲好生之德，超怜示禁，不许放蚝，免遭毒害，阴骘齐天，沾恩等情到县。据此，合行出示严禁。为此，示谕棍徒人等知悉：查后海村海滩，系属官海，一遇潮水退流，自应听乡民下滩，采拾鱼虾螺蚬等物，射利之徒，何得串同封霸放蚝，利己损人，大属不法，速即将所放蚝块搬去，毋许籍课混扰滋事。如敢故违，许该乡约保立即指名禀赴。

　　本府以凭立拿究惩，决不姑宽。各宜凛遵毋违，特示。

　　　　　　　　　　乾隆三十七年七月初二日示发仰后海村张挂晓谕

　　〔注〕此碑现存深圳市南山区后海天后宫。

沙井蚝 前世今生

蚝和蚝田

广东人对于生蚝，除了冬天打边炉和酥炸生吃以外，还懂得生晒制成蚝豉，又能够提取蚝汁的精华，制成著名的蚝油。

广东产蚝的地方，以中山的唐家湾最著名，其次便要数到毗连香港的宝安了。中山的蚝，就是澳门蚝油的主要来源，但晒成的蚝豉，则沙井比中山更有名，因此，香港海味店里卖的蚝豉，总是以"沙井蚝豉"来标榜。

香港新界的大埔海、元朗、后海湾，从前都是宝安辖境，因此，这些地方至今仍以产蚝著名。蚝虽是天生的，但今日我们所吃的蚝，多数都是由人工种殖的。种蚝的地方称为蚝田，最理想的地点是咸淡水交界的海滨和小河口。今日我们只要到元朗去，就可见到后海湾的蚝田。

蚝田为广东滨海居民利薮之一。广东滨海的田地，除了有盐田沙田之外，还有更古怪的"浮田"和"沉田"。浮田是指种植水蕹菜的田，因为种植水蕹菜的方法，是用竹片结成藤筏一样的东西，使它浮在水面，蕹菜就附着在上面。实际上是没有田的，所以称为浮田。种蚝的地方则称为沉田，因为蚝和蚬一样，都是养在水底泥滩中的，水面上根本看不见什么，也没有界限，所以称为沉田。

沉田虽看不出界限，然而各有各的范围。因为这是海滨居民终年衣食所寄，绝对不容他人侵越。从前乡下人时常发生械斗，有时就是为争夺蚝田蚬塘而起。

人工种蚝的方法，乃是从母塘中将附有蚝卵的砖块，移到新塘内，使它繁殖。《新安县志》云：

蚝出合澜海中及白鹤滩，土人分地种之，曰蚝田，其法烧石令红，投之海中，蚝辄生石上。或以蚝房投中种之，一房一肉，潮长房开以取食，潮退房阖以自固。

新界的蚝田，多在咸淡水交界的海边或河口。因为这是养蚝最理想的地点。蚝田的底要砂石作底，同时还要杂有一些污泥。没有污泥，蚝便不容易肥，但是污泥太深了，对于蚝的繁殖又有妨碍，蚝怕风又怕日光，因此，蚝田的方向最好能避风。翻江倒海的飓风，对于蚝田是最大的损失，水太浅了使塘底的蚝直接暴露在太阳光下也不行。新界的养蚝人经常将砖瓦、陶器的碎片以及空蚝壳倒入田底。这是蚝的最好的"家"。他们将砖块用火烧红了然后投入，说是容易附着生蚝。我以为这作用是杀死附在砖石上的其他寄生物的幼卵，以便蚝产卵其上，不受侵害，自然更容易繁殖。蚝可以有八年至十年的生命，养了五年，采起来的蚝，最为肥美。

蚝是很娇贵的生物，它们怕风怕日光，又怕潮水和雨水。新界的养蚝人最怕连绵不歇的倾盆大雨，因为雨水一时落得太多，使蚝田里的水立刻变了质，会促成蚝的重大死亡。此外，蚝田里又出产一种螺一样的小虫，它们能分泌一种毒液使蚝麻痹死亡，是蚝的最大的敌人。海边还有一种鱼名叫鹰头鱼，它们也是专门以蚝为食料的。海星也是蚝的对头，它们能抱住蚝壳，以吸力使它张开，然后卷食里面的蚝肉。

采蚝的方法很别致，他们用一种像泥橇一样的工具，形状如一个上字，是用一横一直两根木头构成的。他们一条腿跪在横木上，手扶着直木；另一只脚踏在水中，这样在海滨泥滩上如飞地滑行。海滨居民称这工作为打蚝。打蚝的多是妇女，广东民歌中有一种打蚝歌，便是在海滨打蚝时唱的。

蚝有大小，小的不堪供食用的蚝，在香港海边随处可见，附生在

沙井蚝 前世今生

礁石上甚至码头木桩上的那些灰白色的碎石一样的东西，就是小的蚝房。蚝是互相连结生在一起的，所以称为蚝房，古时又称蛎房。它们能随着潮水的涨落来开闭。蚝壳非常坚利，在海边游水很容易给蚝壳划破脚底或是擦伤皮肤，就为了它们坚硬不易破碎。广东许多地方都用成块的蚝壳调了石灰来砌墙，不仅经济耐用，太阳照起来还闪出珠光，非常美丽。

本地既然出产又肥又大的生蚝，可是却不喜欢像欧洲人那样将它们生吃的原因，据说乃是因为认为蚝性寒，不宜生吃。不过，在生蚝上市的时候，为食街和大笪地街边的酥炸生蚝，一毫可以有两只，实在是最为大众益食家所欢迎的美味。笔者虽然不是老饕，有时也几乎很难抵御那香气的诱惑。

——摘自叶灵凤《蚝和蚝田》

〔作者简介〕叶灵凤（1905~1975），原名叶蕴璞，笔名叶林丰、L·F、临风、亚灵、佐木华、昙华、霜崖等。江苏南京人，毕业于上海美术专科学校。1925年加入创造社，主编过《洪水》。1926年与潘汉年合办《幻洲》；1928年《幻洲》被禁后改出《戈壁》，年底又被禁，又改出《现代小说》。1929年创造社被封，一度被捕。1934年曾与穆时英合编《文艺画报》。1937年抗日战争爆发，参加《救亡日报》工作，后随《救亡日报》到广州。1938年广州失守后到香港定居，先后主编《立报·言林》《星岛日报·星座》和《华侨日报·文艺》等刊。

相关附录

宝安县民政局文件

宝民字〔1991〕024号

关于同意蚝业村民委员会
划分为蚝一村民委员会、蚝二村民委员会、
蚝三村民委员会、蚝四村民委员会的批复

沙井镇人民政府：

一九九一年十一月二十八日《关于把蚝业村民委员会划分为若干村民委员会的请示》收悉。根据《中华人民共和国村民委员会组织法》及有关的规定，报经县政府批准，同意将蚝业村民委员会划分为蚝一村民委员会、蚝二村民委员会、蚝三村民委员会、蚝四村民委员会。请指导做好有关村民委员会的组建工作，并协助做好该村的财产清点、账目审计和财产处理的有关一切事宜。

此复

宝安县民政局

一九九一年十二月七日

沙井蚝 前世今生

深圳历史上的蚝业生产

　　南头、大鹏古城在深圳历史上的重要意义主要体现在其政治、军事地位方面，如从经济及人文的角度而言，则沙井并不亚于前者。沙井是深圳历史上海洋经济最为发达的地区，宋代广东十三大盐场之一的归德盐场就设在沙井，归德盐场衙署旧址位于现宝安区沙井衙边村。两宋时期，大量移民定居于此，形成以陈、曾、潘、冼、江、钟等几大姓氏为主的广府村落。由于得海滨之利，盐业、渔蚝业经济发达，使此地成为古代深圳最为富庶的地区。沙井陈氏开基始祖陈朝举（1134～1221年）祖籍洛阳，为宋朝进士，因避乱，由中原南迁，始居南雄珠玑巷，后至东莞归德盐场涌口里开基立业，后子孙繁衍，族众日多。至明代中期，因蚝业生意兴隆，遂于云霖岗前创建云霖墟。在沙井村落定居的居民，或多或少都有涉足于渔蚝业。

　　由于珠江水带来的泥沙在珠江入海口淤积的速度加快，近30年来淤泥的堆积，比以前增厚了1米以上，造成滩涂水面缩小，蚝田面积也日益减少。此外，随着深圳经济特区的成立和珠江三角洲地区的工业发展，大城市生活污水和工业废水使珠江口水质逐渐变坏，浮游微生物大量减少，导致了死蚝现象的不断出现，给蚝业生产带来很大影响。沙井蚝田最盛时曾有6万多亩，到了2002年仅余1万多亩了，同时在沙井镇从事养蚝业的村民也已减少至数十户人，且大部分从业者为老蚝民。2003年，据沙井蚝四村的陈姓老蚝工向笔者介绍，由于在当地采集蚝苗较为困难，沙井吊养蚝不得不从湛江购买蚝种，因此，今日的"沙井蚝"实际上已经是名存实亡了，谈起这一点，老蚝工不由感慨万分。

　　在深圳、香港两地决定建设深圳西部通道后，位于西部通道建设范围内的蛇口后海湾已经不适宜继续养蚝了，再加上滨海大道沿线蚝田一直影响着滨海景观和海水水质，停止后海湾的蚝业生产已成必然，而在深圳地区，全市惟一还保存着蚝养殖业的也就只有南山后海湾了。为配合深港西部通道建设工程，深圳市南山区政府拨出了400万元人民币专款，用于清拆后海湾的蚝渔业生产设施，以配合西部通道清淤工程，同时后海湾的蚝民也将会全部转行或迁移，届时后海湾蚝养殖业即告终结，深圳完全由本地养殖出产的蚝业历史也就划上了句号。

　　　　　　　　　　——摘自容达贤《深圳历史上的蚝业生产》，原载《深圳文博论丛·深圳历史》

　　〔作者简介〕容达贤，深圳博物馆文史研究专家。

宝安区人民政府文件

深宝府办〔1991〕48号

宝安区主要农产品生产基地建设与
政府扶持资金管理暂行办法（节录）

第三章 生产基地的认定条件和程序

第九条　符合下列条件的可认定为宝安区主要农产品生产基地：

（一）在我区或在特区内注册登记且经营地址在宝安、注册资本在100万元以上、从事农产品生产经营的企业自营或联营兴办的生产基地；

（二）生产基地或产品通过无公害农产品产地认证、产品认证或其他有效质量认证；

（三）建立完善的生产档案和销售台账，有严格的质量管理制度，配置必要的检测技术人员和检测设施，出场产品经自检或委托检测机构检测合格；

（四）市外生产基地生产规模达到下列条件之一：

1. 生猪生产基地年出栏量在1万头以上。

2. 叶菜生产基地连片面积在200亩以上，且生产基地总规模应当达到1000亩以上。

3. 池塘养殖每个基地养殖规模在200亩以上，且总规模在1000亩以上；蚝业养殖每个基地规模在400亩以上，且总规模在3000亩以上；高位池养虾每个基地规模在100亩以上，且总规模在300亩以上；深水网箱每个基地养殖规模在2组以上；工厂化养殖场需达到800立方米水体以上。

（五）本区企业自营的基地供应宝安市场的叶菜、生猪数量应当占总产量的80%以上；本区企业与外地企业合作联营的基地供应宝安市场的叶菜、生猪数量应当占总产量的60%以上；本区企业自营或与外地企业合作联营的基地供应宝安市场的水产品数量应当占总产量的60%以上。

第四章 扶持资金的申报和审批

第十五条 通过认定的宝安区主要农产品生产基地可申请政府扶持资金。

第十七条 对生产基地建设的扶持主要包括以下内容：

（一）对无公害生猪生产基地建设的扶持主要包括与每条万头生猪生产线建设有关的设备（含检测设备）、土建和污水处理投入以及地租、水电和种猪等方面。

（二）对无公害叶菜生产基地建设的扶持主要包括土地平整、土壤改良、排灌设施建设、田园规格化、耕作道路建设、简易加工场地、检测设备及地租、水电、农机具等方面。

（三）对无公害水产品市内生产基地建设的扶持是指对列入《深圳市养殖水域滩涂规划》及农业保护用地的养殖水面进行完善改造。主要包括池塘改造，网箱养殖环境综合整治、改造升级，无公害工厂化育苗、养殖场进排水系统改造和深水网箱建设（含相关检测设备投入以及地租、水电等方面）。

（四）对无公害水产品市外生产基地建设的扶持主要包括池塘建设、池塘改造、深水网箱建设和蚝业养殖等项目（含相关检测设备投入以及地租、水电等方面）。

前款所称池塘建设，包括挖池塘，独立的进排水系统建设，过滤、蓄水沉淀、净化池建设，增氧机、塘间道路、照明设施建设投入等。

前款所称池塘改造，包括对池塘进排水系统进行改造，加大沉淀、蓄水池、水处理系统、循环水系统设施投入等；上市前水产品净化处理，池塘间道路整治，防洪、防涝堤围加固及增氧等基础设施建设。

前款所称深水网箱建设，包括网箱建设、安装，清网机、起鱼机等设施建设。

前款所称蚝业养殖，包括建造水泥柱或木制蚝排、蚝架，固定设施等。

第二十条　每年的生产基地建设项目扶持资金规模根据区政府当年用于生产基地建设的区农业土地开发资金、区农业专项资金及其他农业扶持资金预算确定。

第二十一条　生产基地建设扶持标准根据区政府扶持资金规模按深圳市扶持标准的一定比例确定，不设定固定的扶持标准。单个生产基地建设扶持资金累计不超过其总投资的30％。

第二十二条　生产基地建设扶持不设定企业数量限制，扶持资金申报不收取任何费用。

环球名蚝拾萃及生食贴士

一、环球名蚝

全球每个海域的洋流、水温、水深不同，蚝的生长成熟期各不相同，体现在品相、口感上也有所差别。在欧洲有个古老的说法，叫"无R不食"，指的是每年五、六、七、八这四个英文单词中没有"R"字母的月份，刚好是北半球的生蚝进入繁殖期，在过去，这四个月大多数餐厅是不提供生蚝的。只有以"R"结尾的月份才适合吃生蚝。

这一说法其实有其局限性。北半球的秋冬固然是吃法国、美国生蚝的最佳时节，但随着交通运输的发展，在物流业已经高度发达的今日，北半球的生蚝淡季，恰恰是吃南半球生蚝的好时候。所以，如今即使到了北半球的夏季，依然有澳大利亚、南非这些位于南半球产区的生蚝可以满足饕客们的需求。

凡咸淡水交汇的海域理论上都能产蚝，法国、美国、澳大利亚、南非四国的出产，基本上能代表欧洲、美洲、大洋洲、非洲的蚝蛎品质，以下逐一介绍其中的代表性品种。

（一）法国

生蚝最著名的产区当然是法国。法国有着世界上最丰富的生蚝品，生蚝口感也被誉为世界上最丰富。一如法国的另外两大特产：红酒和香水，能区分出前中后韵味、讲究after-taste（余味）。同时也跟红酒一样，法国生蚝也有着不同的原产地认证（AOC）和等级。法国生蚝体大、肉细、汁多。但是，打捞上来的生蚝必须先放在海水培养池中"净化"。经过约一周的时间，生蚝吐尽淤泥，脱除表面不洁附着物后，方可进行质量认证。

Belon 贝隆蚝

欧洲"蚝中之王"贝隆蚝属于欧洲扁蚝（Ostrea Edulis），原产欧洲从挪威到摩洛哥经地中海到黑海一带，之后被引入北美，在华盛顿州和缅因州都有培殖。但只有原产法国西北部、距坎佩尔30千米的贝隆河的欧洲扁蚝，才可称之为贝隆蚝。贝隆蚝的生长条件极为严苛，成长期较其他蚝类要长近一倍时间，因此产量稀少，但品质也因此更为出众。被称为蚝中的王者。其肉体丰富，口感爽脆，有榛果香，特别是金属味很明显，所以也叫铜蚝。入口有浓郁的矿物味和海草的香气，中味澎湃刺激，后味内敛清新，金属味强烈，所带来的麻痹感会由舌头两侧蔓延至口腔，劲度十足。它获得了法国AOC的产地认证。贝隆蚝以蚝壳的大小和重量来分等级，而不针对蚝肉分级，也就是说越大越贵，但不一定是最鲜美。贝隆蚝有些"高冷"，初接触生蚝的人可能会觉得太过重口而爱不起，但它却深得久战"蚝场"的老饕们的青睐。

Gillardeau 吉拉多蚝

"蚝中之后"吉拉多是法国第一家以养殖者家族名字命名的生蚝，是法国的名贵生蚝代表之一。吉拉多蚝养殖于法国西部的拉罗歇尔和奥列隆岛，每一颗吉拉多蚝都需经过59道繁复的养殖手法，历时至少4年以上才能上市，即使是巴黎的米其林三星餐厅，每到生蚝季节，也都会以能够供应吉拉多蚝为骄傲。

吉拉多开盖以后，边缘色泽淡褐色，肉质丰硕饱满，入口带有浓烈海水味，短暂的爽脆之后，是超级丰盈的软滑creamy（奶油般）的感觉，随后口腔爆破出浓烈的水果奶香，榛子、碘香徐徐出现，细品后又感觉有微微烟熏以及酒香，回味10多秒不能散去，被称为"蚝中的劳斯莱斯"。适合行家品尝，味觉层次丰富，也是行家口中最像葡萄酒的生蚝。

La Perle Blanche 白珍珠蚝

肉质洁白，有浓郁的海水咸鲜味，咬破蚝肚后清甜爽口，裙边和蚝身爽滑弹牙，回味甘甜，有矿物质的味道。肉身爽滑，甜味突出，是蚝之上品。

Fine de Claire 芬迪克雷蚝

芬迪克雷并不是特指某款生蚝，而是指生蚝的等级。作为入门级生蚝，芬迪克雷蚝（也译作芬迪克莱尔、芬大奇、卡罗利）生长在法国西部罗亚尔、吉隆特河口间，是欧洲石蚝的代表。这种蚝外形瘦长、纤秀，蚝肉有透明感，味道偏重，口味先咸后甜，有矿石的味道，脆身，爽口而海水味重，余韵悠长，是喜欢吃不太多肉的生蚝的食客的最爱。中意多水和口感平衡的生蚝爱好者更喜欢选择这样的生蚝。

Sentinelles 圣庭尔蚝

肉身丰满，海水味较轻，很鲜甜，肉厚脸身滑溜，吃过之后口中会余淡淡甜味。非常适合初食生蚝者。

Roumegous 雷武士

入口就是浓浓的青瓜味，紧接着甜味便喷薄而出，越嚼越能感受到蚝肉的甜劲。它的蚝身肥厚爽脆，后味悠长。号称女性蚝客的最佳男闺蜜。

Tarbouriech 法国玫瑰

常晒日光浴，蚝壳泛着淡淡的粉红色，被称为"粉红蚝"。它的蚝肉圆润爽脆，咸味中带着长长的甘甜余韵。

La Perle Noire "黑珍珠"蚝

产自法国西南部布列塔尼海岸，产量较低。这种蚝壳身较长，表面凹凸不平，蚝肉饱满而滑顺，鲜咸的海水味中蕴含丰富的乳香。

（二）美国

美国的国家海岸线较长，自北向南各入海口都出产大小不同的生蚝。相较于喜欢重口味的欧洲人，美国蚝口味清甜，深受亚洲食客偏爱。

Kumamoto 熊本蚝

美国最著名的生蚝品种之一当属熊本生蚝。外形小巧、像猫爪子一样的熊本蚝，原产自日本九州岛的熊本地区，其生长速度缓慢，至少需3年左右时间才能长成至适合食用的大小。熊本蚝尺寸小，壳体颜色较深，因日本海水污染，几近绝种，1920年被引进美国，在加州、俄勒冈和华盛顿海湾一带培育多年得挽救，在西海岸开始繁殖。熊本蚝口味浑厚顺口，入口起初是淡淡的咸味，而后转为鲜甜，并带有水果的馨香以及矿物质的天然味道，有轻微金属余味，口感清爽怡人，非常适合第一次尝试生蚝的人品尝，尤得女性喜爱。

Pacific Oyster 太平洋蚝

太平洋蚝一开始在东北亚沿海地区生长，在20世纪初传播到美国，之后渐渐开始流行，现在已经是美国西海岸十分流行的品种。其口感最温和，海味不会太重，并有着淡淡的蔬果味。比较适合初次接触生蚝的人。

Atlantic Oysters 大西洋蚝

原生于北美，从加拿大到墨西哥湾、加勒比、巴西沿岸和阿根廷地区的海域中。美国华盛顿生蚝大多是这种，最有名的地点是Hog Island。大西洋生蚝形状多为流畅的泪滴形，口感清脆，海水味较重，尾韵带盐味。

Blue Point 蓝点蚝

蓝点的名字并非得于它蓝绿色的美丽外壳，而是因为它产自弗吉尼亚州长岛的蓝点地区。这里的海水味比较淡，蚝肉大，汁水多，入口先咸后甜，典型的美国蚝特色，口味清淡，余韵中带有淡淡的草木香。略有一点海水味道，肉质弹性很好，而且留甜的时间比较长。

Olympia Oysters 奥林匹亚蚝

Olympia Oysters又叫Ostrea Lurida，少数从太平洋西北部原生的生蚝种类，数量稀少，是较难取得的生蚝品种。目前主要分布在美西和华盛顿。奥林匹亚生蚝生长缓慢，且个头非常小，形状为椭圆或圆形，肉不多，但海味和甜味都十分丰富，口感扎实。矿物质味较重。

Yaquina Bay 亚奎纳湾蚝

盛产于美国俄勒冈州纽波特区，产量丰富，由于价格便宜，属于较为大众的一款蚝种。亚奎纳湾蚝口味清甜，海水味淡，肉质弹性很好，咀嚼起来脆爽多汁，而且留甜的时间比较长，鲜甜的余味在口中久久不能散去。

（三）澳大利亚

进入5月已过了吃欧洲蚝的最佳时节，但位于南半球的澳大利亚生蚝却正是肥美时。澳大利亚国家海域宽广，水质清澈，四季均有品质稳定的生蚝出产。蚝壳内藏着带有清新海洋风的蚝肉，和一小口冰凉清澈的海水，肉质丰满，细腻美味。

澳大利亚除了引入的太平洋石蚝外，还有两种原产的生蚝品种：悉尼石蚝（Sydney Rock Oysters）和安喀斯扁蚝（Angasi Oysters）。人说吃澳大利亚生蚝很重要一点是尝当地海水的味儿。澳大利亚生蚝虽然口感没有法国蚝复杂，但肉质肥美丰腴，creamy（奶油）感极强。

Tasmania Gigas 塔斯马尼亚蚝

产自塔斯马尼亚的太平洋蚝，是餐厅最受欢迎的生蚝品种之一。塔斯马尼亚州位于澳大利亚南端的外海，地处南大洋洲抵达南极洲的最后一站，海水清冷，使得该地区出产的生蚝蚝壳呈白色，个头颇大，肥美爽脆，creamy（奶油）嫩滑，味道清淡爽滑，入口先是淡淡的海水咸味，回味之中有似青苹果的清甜和黄瓜的气息。肥瘦适中，海水味比较淡。

Sydney Rock 悉尼岩蚝

悉尼岩蚝是出产自澳大利亚的深海蚝，以吃深海海藻为生，由于这一带海水咸味不会太浓烈，所以盛产的蚝带有"肉"感。蚝身硕大，贝壳深黑色，比较容易辨认。口感虽然没有法国蚝复杂，但肉质饱满，肥美丰润，蚝味较为厚重，Creamy（奶油）感极强，回味中充满矿物和金属味道，后味持久。在澳大利亚多个地区都有饲养，根据产地的不同，颜色、形状和味道都不一样。

Coffin Bay 科芬湾蚝

产自南澳科芬湾的太平洋蚝。爽口，有甘甜的海水味和海草的味道。肉身比较脆，尤其是蚝裙的边缘，特别爽口。吃完之后口腔会残留青瓜味。

Franklin Harbour 富兰克林湾蚝

澳大利亚生蚝新秀。身体修长，甜味、蚝味、咸味配合平均，肉质爽口。不过因为裙边有点青绿色，所以也有很多人不敢尝试。

Smoky Bay 烟湾蚝

烟湾也是南澳著名的太平洋生蚝产地。蚝肉质爽脆，先咸后甜，余韵非常甜美。

Douglas 道格拉斯蚝

生长于澳大利亚南部道格拉斯港纯净水域的太平洋生蚝，肉质偏瘦，入口海洋气息很重，肉质鲜嫩，口感先咸后甜，吃起来比较清爽。

（四）南非

非洲蚝是近两年蚝界新崛起的力量，这里的蚝口感很简单，没有腥味或者金属味，入口就是果木的清甜味道，极易上口。南非生蚝属于深海蚝，由于气候的原因，大多只有季节性供应。

Namibia 纳米比亚蚝

纳米比亚蚝是南非蚝的代表，产自纳米比亚鲸湾港。肉质属于丰腴型的，格外爽滑，肉色偏奶白，口感也隐约透着奶油味，肥美鲜甜，吃起来相当过瘾。味道清新甜美，没有一丝一毫的腥味，入口先是一股海水咸味，果木的清甜再慢慢渗出。虽然余味不长，但那种淡淡的奶油味，让人吃过难忘。

Coastal Gigas Knysna Island 克尼斯纳蚝

克尼斯纳蚝也是南非蚝的代表，味道十分清新甜美，入口有种淡淡的奶油味，虽然留香比较短，但吃着着实过瘾。当地有克尼斯纳牡蛎节，有20多处专门的牡蛎热点地区，提供20多万只美味可口的牡蛎，每年吸引7万多名游客，特别是美食爱好者。

二、品蚝小贴士

1. 如何吃生蚝？

要充分感受蚝的魅力，生食是最佳方式。刚打开的鲜活牡蛎，水分饱足，肉汁饱满。柔滑的蚝肉顺着舌头下滑时，一种说不清的感觉会温柔地升腾起来。也可以根据自己的口味，在牡蛎上滴几滴柠檬汁，或者红酒醋、薄荷汁、姜汁甚至鸡尾酒来"勾味"，总之一切都以不破坏牡蛎本身的鲜甜为准则。

2. 好的生蚝什么滋味？

法国生蚝是生吃的首选，这里就以生吃法国生蚝为例来说明。大凡第一次吃法国生蚝的食客，都会有味蕾"惊艳"的感觉，端上桌的刹那，蚝肉还在微微蠕动，很鲜活，肉质丰满厚嫩，带着微微的甜味，尤其是那一口清澈的汁，咸咸的，鲜鲜的，仿佛可以体验到大海波澜壮阔的味道。不必放任何的芥末、酱汁，就这样"裸吃"，方显真味道。相比而言，普通蚝就显得肥腻、腥味、刺口，如不蘸酱汁就无法入口。

3. 如何查看生蚝是否新鲜？

如果生蚝还没有开壳，只要轻敲一下蚝的壳边，马上关门的就是新鲜的；若是连关壳的力气也没有，多是已经一命呜呼。一只新鲜的生蚝应该紧闭着双壳，拥有一定的饱满度并带着新鲜的海水香气。

开盖后的状况则更加直观，如果蚝肉明显变色，显得干，甚至皱成一团一定不好。蚝肉丰满，香气新鲜，饱含海水是最基本的判断标准。

想测试生蚝是否够鲜，还有个简单的方法，就是挤点柠檬汁上去，鲜活的蚝遇酸会扭曲，但是要注意，这种扭曲的幅度很小，需要仔细观察。

4. 如何优雅地开/吃生蚝？

品尝生蚝，品的不仅仅是它的鲜甜爽滑，也是在品尝生蚝所带来的生活品质，或有范，或浪漫，或小资。

因此，像品酒前要先闻香气一样，品生蚝前可以先喝一点蚝壳中的海水，生蚝鲜美的汁水来自于海水的盐度，不同产地的海水盐度和矿物质成分不同，生蚝的味道也大不一样。

品过海水后就可以开始吃蚝肉，将一枚短刃的生蚝刀插入蚝壳尖头，或者用一把细长的生蚝刀从蚝壳宽头下刀，沿着蚝壳切断闭壳肌，掀去上壳，再托起下壳，用刀将生蚝肉翻个转，蚝肉便完整地与蚝壳分离，即可向口中倒入连着海水的生蚝肉享用。

吃生蚝千万记得要一口吞食，不要在全部入口之前咬破生蚝，也别用餐具戳破，否则就无缘品尝包裹在肉中的鲜美饱满的汁水了。

5. 吃生蚝如何配酒？

传统理念上的"白酒配白肉"总是没错的。白葡萄酒能很好地去除生蚝的腥味，提升清爽的口感。遇到顶级蚝，不妨选择矿物味和酒体同样浓重的白葡萄酒，提升鲜甜，去除生蚝中的咸和苦。但白葡萄酒酒品类众多，哪种生蚝与哪种酒搭配最合适呢？两个准则：

一是"平衡"。食材的味道与佐餐酒的味道要相得益彰，酒既为佐餐，自然不能喧宾夺主。

一是"原产地搭配"。即挑选与你的食材原产地相同或相近的地区所产的酒。

而遇到较为适口的蚝，搭配洁净典雅口感的白葡萄香槟，亦能补充蚝的鲜味。

传统意义上说，生蚝算是贵气的食物，与香槟的搭配可以说是门当户对。法国的香槟和夏布利产区的霞多丽干白是与生蚝的传统搭配对象。但切记不要选晚熟的葡萄酒，比如老的德国的雷司令，往往带有一些汽油或煤油的味道，会让口感大打折扣；而阿尔萨斯地区的雷司令则酸度适中，并带有迷人的矿物质味道，适合搭配法国本土生蚝。

澳大利亚生蚝推荐搭配南澳或新西兰酸度不太高的霞多丽或长相思；美国生蚝推荐搭配美国本土的不过桶的霞多丽和灰皮诺。

虽然吃生蚝喝啤酒容易中风似乎是个常识，但在爱尔兰等地，生蚝搭配黑啤也是常见的吃法。

6. 生蚝的等级如何确定？

生蚝分为铜蚝和石蚝两种。铜蚝外形像一个扁身的大蚌，古铜色，肉身薄，味道较咸，海水及金属味颇重；石蚝相对较甜美，肉身可以非常丰盈。一般入门人士会从石蚝开始，比较容易接受。

铜蚝：按"0"分等级，"0"越多，尺码越大。

0000：120克以上

000：100～120克

00：90～100克

0：80克

石蚝：按数字大小分等级数字越小，尺码越大。

1号：150克以上

2号：116～150克

3号：86～115克

4号：66～85克

5号：46～65克

注：生蚝的品种不同，大小就各有不同，而同种类也会因为生长期等原因有大小的分级，虽然同种类的大个的生蚝通常在市面上的价格偏高，但生蚝的风味并不是由个头大小决定的，单纯是因为培育较大的生蚝需要更多的时间和精力。

（根据网络资料整理）

参考文献

1. 郭培源　程建：《千年传奇沙井蚝》[M]，海潮出版社 2006版

2. 陈太允等口述/唐冬眉　申晨撰写：《守望合澜海：沙井蚝民口述史》[M]，花城出版社 2012版

3. 郭培源　程建编著：《沙井旅游》[M]，中国文史出版社2007 版

4. 王如才：《牡蛎养殖技术》[M]，金盾出版社2004版

5. 司马光：《资治通鉴·晋纪》（第七册）[M]，中华书局2009 版

6. 陈桂珠　彭友贵主编：《滩涂海水种植-养殖系统技术研究》[C]，中山大学出版社2005版

7. 容达贤：《深圳历史上的蚝业生产》[A]，载《深圳文博论丛·深圳历史》[C]，文物出版社2005-2006版

8. 武锋：《东晋孙恩、卢循起事的浙东因素》[J]，浙江海洋学院学报（人文科学版）第28卷第6期2011年12月

9. 倪世俊：《牡蛎的养成及采捕》[J]，渔业致富指南2003-19

10. 邓禅娟　陈萍：《东莞古代盐业与沿海城镇的兴起》[J]，《盐业史研究》2010年第4期

11. 丁侃：《60年沙井蚝人蚝梦》[N]，南方日报2009年9月29日

12. 潘彦：《"沙井蚝重回深圳"不是梦》[N]，深圳晚报2009年10月22日

13. 成希：《流浪沙井蚝：我想回家》[N]，南方都市报2009年12月11日

14. 李熙慧：《克拉克瓷寻根问祖数百年觅得漳州是故乡》[N]，海峡都市报2010年4月26日

15. 吴永奎 张建峰：《沙井蚝续写千年传奇》[N]，南方日报2010年12月21日

16. 彭全民 廖虹雷：《陈朝举：深圳西部的开拓者》[N]，深圳特区报2013年09月11日

17. 梁二平：《沙井蚝壳屋，千年蚝乡传奇》[N]，深圳晚报2013年12月12日

18. 廖虹雷 彭全民：《李可成：展界复耕成绩斐然之新安县令》[N]，深圳特区报2014年02月19日

19. 边晗：《辽博600件万历年间文物带您探访海上丝绸之路》[DB/OL]，人民网-辽宁频道2016年05月04日08:21，http://ln.people.com.cn/n2/2016/0504/c353992-28267687.html

20. 蒋俊：《大宋王朝：中国历史上最被误解的一个朝代》[DB/OL]，华声在线-历史频道 2014-06-10 15:29:53

后记

了解了沙井，就理解了深圳。

了解了沙井蚝业为什么能够做大，就理解了深圳特区为什么能够成功。

这是我写完这本书后，最大的感触。

数百年前的沙井墟，就是今日深圳的迷你版。深圳今日经历的移民、开放、开拓、创新、竞争等城市发展历程，在数百年前的沙井都能一一找到影子。今日深圳人精神的特质里，传承着太多沙井古人的基因。

这是我写作这本书的过程中，最直观的感知。

选择写作这本书，对我而言，是一次尝试，也是一次冒险。因为，在此之前，我尽管也出过书，但没有过如此长篇的写作体验，也缺乏把握历史题材的经验。

沙井蚝是深圳最有历史、最为出名的物产，在我之前，已有无数前辈围绕其进行探究、笔耕，几乎穷尽了文字的记录和抒写，奠造了难以逾越的高峰。以我浅薄的认知，粗陋的笔触，根本没有可能交出一份崭新答卷。这一度让我萌生弃笔之意。之所以坚持下来，完全是因为对沙井蚝的偏爱，更是对出版社给予的信任的诚意回应。

诚惶诚恐之下，为了让本书的写作尚具几分价值，我对结构和角度做了一些设计，力图顺着历史脉络，在揭示沙井蚝的起源，理清其名称演变和养殖变迁之余，通过描述其几度起落的发展历程，展示其背后的时代风云，提炼史实的现代意义，让历史与现实产生良好的互动。

为蚝修志，以蚝观史。这是我写作时的小小心思。

为了实现此意图，我采取了从史实的经纬发散开来，笔随人意，兴之所至地自然流泻的叙述，既写沙井蚝，也写沙井蚝周边的物事，还有其置身的宏大社会背景。某些地方，可能给人"不切题"的感觉。但正如周作人所言，写作就应该"像是一道流水，凡有什么汊港湾曲，总得潆洄一番，有什么岩石水草，总要披拂抚弄一下子才往前去。"我企图通过行文的摇曳多摆与迂回徐缓，尽可能地不要错过沙井蚝发展历程中的每一处"汊港湾曲"、每一片"岩石水草"。

感谢程建学长，把自己多年考据研究的所获毫无保留地提供给我。事实上，只要是到沙井寻访历史，程建学长都来者不拒。他把自己与沙井历史文物的关系，不仅看作是工作内容，更视作自己的生存方式和交友方式，所以，无论谁借用或引用他的研究心得，从不为忤，"最终的结果是，把这里的故事告诉大家了。至于是谁发现的、整理的，并不重要！"这份豁达，尽显其骨子里对这份事业，对脚下这片土地的挚爱。

应该感谢的人还很多。唐冬眉、申晨撰写的《守望合澜海》一书，以及诸多报业同行的采访报道给我提供了许多有价值的素材；佘忠明先生、陈健女士、林子权先生等人为我的采访提供了支持和帮助；曾小原先生、吴向民先生积极帮助我寻找资料图片。通过他们，我获得了详尽的材料。这本图书能够完成，归功于他们，我不过是做好了文字的搬运工、装饰工而已。

当然，还要特别感谢深圳报业集团出版社的胡洪侠先生和孔令军先生，他们给我提供了一次宝贵的体验机会，还容忍了我的拖拉，让我可以通过对沙井蚝的探究，获得一次难忘的写作经历。

本书的第一稿2016年9月拟就，然自觉细节不足，且按照编年体例写下来，虽四平八稳，却较为平淡，便搁置下来了。之后，经历了所在单位机构改革的震荡和家庭新成员的降临，无暇顾及，这一搁就是半年。直至2017年春节过后，获得程建学长补充的材料，我才再度执笔，把稿子改成如今这个模样。

虽倾尽全力，奈何水平有限，本书的写作肯定存在诸多疏漏、讹误和不足，恳望方家不吝指正。

阮飞宇
二〇一七年三月十六日于深圳耘香居

图书在版编目（CIP）数据

沙井蚝：前世今生 / 阮飞宇著. —— 深圳：深圳报业集团出版社，2017.8
ISBN 978-7-80709-805-8

Ⅰ.①沙… Ⅱ.①阮… Ⅲ.①牡蛎壳 - 简介 - 深圳
Ⅳ.①S968.31

中国版本图书馆CIP数据核字(2017)第205475号

《我们深圳》文丛
深圳市文化创意产业发展专项资金资助项目

沙井蚝：前世今生
SHAJINGHAO: QIANSHIJINSHENG

阮飞宇 著

深圳报业集团出版社出版发行
（深圳市福田区商报路2号 518034）
深圳当纳利印刷有限公司印制
新华书店经销

开本：889mm×1230mm 1/32
字数：240千字
版次：2017年8月第1版 2017年8月第1次印刷
印张：8.25
ISBN 978-7-80709-805-8
定价：45.00元